高等职业教育土建类专业综合实训系列教材

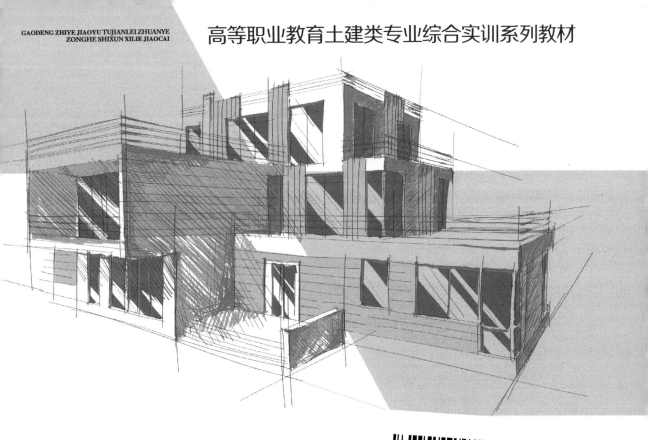

U0190598

建筑工程测量综合实训

主编 徐伟玲 张红宇 李诗红 副主编 张晓霞 王继仙 慕林利

重庆大学出版社

内容提要

本书主要反映现代高层建筑框架、框架剪力墙结构的最新施工测量方法,结合大量工程实例,并参阅《工程测量规范》安排了各种常规测量仪器的实训任务,以及目前高层建筑及各类工程建设中最新使用的全站仪实训任务——施工放样,从工程控制测量、施工现场定位放线、基础施工测量、主体施工测量到工程竣工验收,系统完整地完成一个高层建筑施工测量实训任务。同时收集了大量真实的工程施工测量方案,并进行了一系列的案例分析,供学生参考学习。

本书采用全新的模拟施工现场任务的形式编写,通过对本书实训任务的实操练习,读者可以掌握建筑工程测量的施工方法和各种施工现场测量仪器的操作技能,具备高层建筑施工测量及各种工程测量的能力。

图书在版编目(CIP)数据

建筑工程测量综合实训/徐伟玲,张红宇,李诗红
主编.—重庆:重庆大学出版社,2013.8
高等职业教育土建类专业综合实训系列教材
ISBN 978-7-5624-7657-3

Ⅰ.①建… Ⅱ.①徐… ②张… ③李… Ⅲ.①建筑测
量—高等职业教育—教材 Ⅳ.①TU198

中国版本图书馆 CIP 数据核字(2013)第 188693 号

高等职业教育土建类专业综合实训系列教材

建筑工程测量综合实训

主 编 徐伟玲 张红宇 李诗红
副主编 张晓霞 王继仙 慕林利

责任编辑:桂晓澜 版式设计:桂晓澜
责任校对:秦巴达 责任印制:赵 晟

*

重庆大学出版社出版发行
出版人:邓晓益
社址:重庆市沙坪坝区大学城西路 21 号
邮编:401331
电话:(023)88617190 88617185(中小学)
传真:(023)88617186 88617166
网址:http://www.cqup.com.cn
邮箱:fxk@cqup.com.cn(营销中心)
全国新华书店经销
POD:重庆新生代彩印技术有限公司

*

开本:787mm×1092mm 1/16 印张:8 字数:200 千
2013 年 8 月第 1 版 2013 年 8 月第 1 次印刷
ISBN 978-7-5624-7657-3 定价:16.00 元

前　言

《建筑工程测量综合实训》共包括 3 个模块和 3 个综合应用案例。模块 1 为建筑工程测量实训规定;模块 2 为单项实训任务,其中包括项目 1 水准测量、项目 2 角度测量、项目 3 距离测量、项目 4 圆曲线测设、项目 5 全站仪的应用、项目 6 GPS 的应用;模块 3 为综合实训,其中包括项目 7 水准测量综合实训、项目 8 角度与距离测量综合实训。附录为 3 个综合应用案例。本书重点突出模拟施工现场实训,模拟真实的工程测量施工方案案例分析,删除了过去旧的施工测量方法,围绕着现代高层建筑框架、框架剪力墙结构进行测量实训。

本书主要反映现代高层建筑框架、框架剪力墙结构的最新施工测量方法,结合大量工程实例,并参阅《工程测量规范》(GB 50026—2007)安排了各种常规测量仪器的实训任务,以及目前高层建筑及各类工程建设中最新使用的全站仪实训任务——施工放样,从工程控制测量、施工现场定位放线、基础施工测量、主体施工测量到工程竣工验收,系统完整地完成一个高层建筑施工测量实训任务。同时收集了大量真实的工程施工测量方案,并进行了一系列的案例分析供学生参考学习。

本书采用全新的模拟施工现场任务的形式编写。除附有大量工程案例外,还突出了各项施工测量任务的知识链接,以及工程测量综合实训中全站仪在各项模拟施工现场测量放样的应用。通过对本书实训任务的实操练习,读者可以掌握建筑工程测量的施工方法和各种施工现场测量仪器的操作技能,具备高层建筑施工测量及各种工程测量的能力。

本教材由许昌职业技术学院教师编写,王继仙编写模块 1、项目 1、项目 3、项目 4、案例 2,张红宇编写项目 2、项目 6,李诗红编写项目 5,徐伟玲编写模块 3,张晓霞编写案例 1,慕林利编写案例 3。本书可作为高等职业院校建筑工程类相关专业的实训教材和指导书,也可作为土建施工类及工程管理类各专业职业资格考试的培训教材,还可为备考从业和执业资格考试的人员提供参考。

由于编者水平有限,书中难免有不足之处,恳请读者同行批评指正。

目 录

模块 1　建筑工程测量实训规定

1) 测量实训的程序规则

①实训课前,应认真预习建筑工程测量实训教材中的相关内容,明确实训目的、要求、操作方法和步骤及注意事项,以保证按时完成实训任务。

②实训以小组为单位进行,组长负责组织和协调实训工作,负责按规定办理所用仪器和工具的领借与归还手续,并检查所领借的仪器和工具与实训用的工具与仪器是否一致。

③在实训过程中,每个人都必须认真、仔细地按照操作规程操作,遵循"测量仪器的管理规定",遵守纪律、听从指挥,培养独立工作的能力和严谨科学的态度,全组人员应互相协作,各工种或工序应适当轮换,充分体现集体主义团队合作精神。

④实训应在规定的时间和地点进行,不得无故缺席、迟到或早退,不得擅自改变实训地点或离开现场。

⑤测量数据应用正楷文字及数字记入规定的记录手簿中,书写应工整清晰。记录数据应随观测随记录,并向观测者复诵数据,以免记错。

⑥测量数据不得涂改和伪造。记录数字若发现有错误或观测结果不合格,不得涂改,也不得用橡皮擦拭,而应用细横线划去错误数字,在原数字上方写出正确数字,并在备注栏内说明原因。测量记录禁止连续更正数字(如黑、红面尺读数;盘左、盘右读数;往、返量距结果等,均不能同时更正),否则,应予重测。

⑦记录手簿规定的内容应完整、如实填写。草图绘制应形象清楚、比例适当。数据运算应根据小数所取位数,按"四舍六入,五单进双不进"的规则进行凑整。

⑧在交通频繁地段实训时,应随时注意来往的行人与车辆,确保人员及仪器设备的安全,避免意外事故发生。

⑨根据观测结果,应当场进行必要的计算,并进行必要的成果检验,以决定观测成果是否合格、是否需要进行重测。应该现场编制的实训报告必须现场完成。

⑩在实训过程中或实训结束后,发现仪器或工具损坏或丢失,应及时报告指导老师,同时要查明原因,视情节轻重,按规定予以赔偿和处理。

⑪实训结束后,应提交书写工整规范的实验报告给指导老师批阅,经老师认可后方可清点仪器和工具,进行必要的清洁工作,将借用的仪器、工具交还仪器室,经验收合格后,结束实训。

2) 测量仪器的操作规程

为了保证测量实验室仪器设备的正常使用,满足教学、科研的需要,特制定本操作规程:按照仪器设备类型、用途不同,将其分为量距工具、光学仪具(含 DS$_3$ 型、自动安平水准仪和 DJ$_2$、DJ$_6$ 光学经纬仪)、电子类仪器(含电子经纬仪、全站仪、激光经纬仪、GPS 接收机)。不同仪器工具有不同的操作规程和注意事项。

①量距工具的操作规程和注意事项。直接用于量距的工具主要是 50 m 钢尺、30 m 皮尺和

5 m、3 m、2 m 小钢尺。钢尺易生锈,使用完要及时擦拭黄油,以免生锈钢尺拉不出及注记损害;使用时,不要完全拉出,以免钢尺脱开,造成损坏。

②光学仪器和工具包括经纬仪(DJ$_2$、DJ$_6$)、水准仪(DS$_3$ 型、自动安平)、小平板仪。经纬仪、水准仪粗略整平时,脚螺旋运动方向与左手大拇指运动方向一致,螺旋不要过高或过低以免把脚螺旋损坏。在使用过程中,一定要保证在松开制动螺旋时转动望远镜、照准部,以免损坏仪器横轴、竖轴。特别注意仪器要保护好,不能摔坏。本内容也适用于电子类仪器。

③电子类仪器包括电子经纬仪、全站仪、激光经纬仪、GPS 接收机。这类仪器的安置方法与光学仪器大致相同,注意事项不再赘述。这类仪器要注意充电。全站仪、GPS 接收机是测量的重要设备,需在指导教师指导下操作使用。

3)测量仪器的借领与归还规定

(1)借领

①由指导教师或实训班级的课代表带着实训计划和分组表,到测绘仪器室以实训小组为单位借用测量仪器和工具,按小组编号在指定地点向实训室人员办理借用手续。

②领取仪器时要按分组表顺序,由仪器室教师给各小组组长发放仪器,在发放仪器时要把每个部件的螺旋转动给小组长看,以此证明仪器的各部件完好,然后松开各制动螺旋放回仪器箱,最后由小组长签字领取。

③一般由课代表发放其他工具,如三脚架、水准尺、标杆等。在发放三脚架时注意三脚架的固定螺旋是否能拧紧,是否与仪器配套,在当场清点仪器工具及其附件齐全后,方可离开仪器室。

④搬运仪器前,必须检查仪器箱是否锁好,搬运时必须轻取轻放,避免强烈震动和碰撞。

⑤实验室一切物品未经同意和备案不得带离实训室,对于违者除了要追回物品外,还要对其进行批评教育,丢失要赔偿。

(2)归还

①实训结束,应及时收装仪器、工具,清除接触土地的部件(脚架、尺垫等)上的泥土,送还仪器室检查验收。如有遗失和损坏,应写出书面报告说明情况,进行登记,并应按照有关规定赔偿。

②由各组小组长归还仪器,由检验教师检验各部件功能完好并点清后方可将仪器交还仪器室,并由小组长签字,最后全班归还后再由指导教师或课代表签字离开。

4)仪器、工具丢失与损坏赔偿规定

(1)加强仪器设备管理

为加强师生员工爱护国家财产的责任心,加强仪器设备管理,维护仪器设备的完整、安全和有效使用,避免损坏和丢失,以保证教学、科研的顺利进行。

①使用、保管单位和师生员工应自觉遵守学校有关规章制度,遵守仪器设备安全操作规程,做好经常性的检查维护工作,严格落实岗位责任制。

②仪器设备发生损坏和丢失时,应主动保护现场,报告单位领导、保卫处。要迅速查明原因,明确责任,提出处理意见,按管理权限报请审批。

(2)责任事故分类

由于下列原因造成仪器设备的损坏和丢失,均属责任事故:

①不遵守规章制度,违反操作规程的;

②未经批准擅自动用、拆卸造成损坏的;

③领取仪器后操作时不负责任,离开仪器现场造成仪器摔坏及严重失职的;

④主观原因不按操作规程造成仪器部件损坏或严重损失的。

(3)计算损失价值

凡属责任事故,均应赔偿经济损失。损失价值的计算方法如下:

①损坏部分零部件,按修理价格赔偿;

②修复后质量、性能下降,按质量情况计算损失价值;

③摔坏仪器部分零件的按修理价格赔偿,并按折旧价计算赔偿价值;

④丢失、严重摔坏仪器的应照价赔偿。

(4)赔偿经济损失

①根据情节轻重、责任大小、损失程度酌情确定,并可给予一定的处分。责任事故的处理应体现教育与惩罚相结合,以教育为主的原则。

②事故赔偿费由学校财务处统一收回,按规定使用。

5)注意事项

测量仪器属于比较贵重的设备,尤其是目前测量仪器正在向精密光学、电子化方向发展。其功能日益先进,其价值也更加昂贵。对测量仪器的正确使用、精心爱护和科学保养,是从事测量工作的人员必须具备的素质和应该掌握的技能,也是保证测量成果的质量、提高工作效率、发挥仪器性能和延长其使用年限的必要条件。

①携带仪器时,注意检查仪器箱是否扣紧、锁好,提环、背带是否牢固,远距离携带仪器时,应将仪器背在肩上。

②开箱时,应将仪器箱放置平稳。开箱时,记清仪器在箱内的安放位置及姿态,以便用后按原样装箱。提取仪器或持仪器时,应双手持握仪器基座或支架部分,严禁手提望远镜及易损的薄弱部位。安装仪器时,应首先调节好三脚架高度,拧紧架腿伸缩锁定螺丝;保持一手握住仪器,一手拧连接螺旋,使仪器与三脚架牢固连接;仪器取出后,应关好仪器箱,仪器箱严禁坐人。

③作业时,严禁无人看管仪器。观测时应撑伞,严防仪器被日晒、雨淋。对于电子测量仪器,在任何情况下均应撑伞防护。若发现透镜表面有灰尘或其他污物,应用柔软的清洁刷或镜头纸清除,严禁用手帕、粗布或其他纸张擦拭,以免磨损镜面。观测结束应及时套上物镜盖。

④各制动旋钮勿拧得过紧,以免损伤;转动仪器时,应先松开制动螺旋,然后平稳转动;脚螺旋和各微动旋钮勿旋至尽头,即应使用中间的一段螺纹,防止失灵。仪器发生故障时,不得擅自拆卸;若发现仪器某部位呆滞难动,切勿强行转动,应交给指导老师或实验管理人员处理,以防损坏仪器。

⑤仪器的搬迁。近距离搬站,应先检查连接螺旋是否牢靠,放松制动螺旋,收拢脚架,一手握住脚架放在肋下,一手托住仪器放置胸前小心搬移,严禁将仪器扛在肩上,以免碰伤仪器。若距离较远或地段难行,必须装箱搬站。对于电子经纬仪,必须先关闭电源,再行搬站,严禁带电搬站。迁站时,应带走仪器所有附件及工具等,防止遗失。

⑥仪器的装箱。实验结束后,仪器使用完毕,应清除仪器上的灰尘,套上物镜盖,松开各制动螺旋,将脚螺旋调至中段并使它们大致同高,一手握住仪器支架或基座,一手放松连接螺旋使

其与脚架脱离,双手从脚架头上取下仪器。将仪器装箱时,应放松各制动螺旋,按原样将仪器放回;确认各部分安放妥帖后,再关箱扣上搭扣或插销,上锁。最后,清除箱外的灰尘和三脚架上的泥土。

⑦测量工具的使用。实验时测量工具的使用方法如下:

a.使用钢尺时,应使尺面平铺地面,防止扭曲、打结和折断,防止行人踩踏或车辆碾压,尽量避免尺身沾水。量好一尺段再向前盘时,必须将尺身提起离地,携尺前进,不得沿地面拖尺,以免磨损尺面、刻划甚至折断钢尺。钢尺用毕,应将其擦净并涂油防锈。

b.皮尺的使用方法基本上与钢尺的使用方法相同,但量距时使用的拉力应小于钢尺,皮尺沾水的危害更甚于钢尺,皮尺如果受潮,应晾干后再卷入盒内,卷皮尺时切忌扭转卷入。

c.使用水准尺和标杆时,应注意防止受横向压力、竖立时倒下、尺面分划受磨损。标尺、标杆不得用作担抬工具,以防弯曲变形或折断。

d.小件工具(如垂球、测轩、尺垫等)用完即收,防止遗失。

e.所有测量仪器和工具不得用于其他非测量的用途。测量仪器大多属于精密仪器,谨防倒置、碰撞、震动,切记要轻拿轻放,谨防失手落地。

6)实习成绩考核办法

①随堂实习占总成绩的15%。

②测量仪器操作技能考核,占总成绩的15%(每10人1排实操,考核操作技能、精度、时间)。

③集中综合实训包括导线测量、抄平传递高程、模拟施工现场控制测量、定位放线、基础测量、主体施工测量、工程质量检验、道路施工测设放线、圆曲线测设等,占总成绩的70%。

模块 2　单项实训任务

项目 1　水准测量

建筑工程测量在工程建设施工过程中具有重要意义和作用。其中水准测量贯穿了建筑施工测量的始终,以确保建筑物施工质量,保证建筑物的安全运行及使用。

实训的意义与目的在于使学生通过实训实操练习熟练掌握各种测量仪器的使用和实测方法,在工程中直接应用所学的知识,真正做到与施工现场零距离接轨。

1.1　DS_3 型水准仪的认识与使用实训

1.1.1　水准仪的使用方法及步骤

1)水准仪的安置

(1)安置水准仪的方法一

将水准仪安置在前后视距大致相等的测站中间点上,松开 3 个架脚的固定螺旋,提起架头使 3 个架脚的架腿一样高,拧紧 3 个架脚的固定螺旋,打开三脚架使架头水平。

(2)安置水准仪的方法二

如在松软的施工现场,通常是先将脚架的两条腿取适当位置安置好,然后一手握住第三条腿进行前后移动和左右摆动,一手扶住脚架顶部,眼睛注意圆水准器气泡的移动,使之不要偏离中心太远。如果地面比较坚实,如在公路上、城镇中有铺装面的街道上等可以不用脚踏,如果地面比较松软,则应用脚踏实,使仪器稳定。当地面倾斜较大时,应将三脚架的一个脚安置在倾斜方向上,另外两个脚安置在与倾斜方向垂直的方向上,这样可以使仪器比较稳固。

注意:

①安置三脚架时,自估架台大致水平。

②固定三脚架两个架腿,移动另一个架腿,圆水准器的气泡大致居中。

③调试 3 个脚螺旋高度大致相同。

2)粗平

粗平工作是通过转动脚螺旋使圆水准器的气泡大致居中。方法如下:用两手分别以相对方向转动两个脚螺旋,此时气泡移动方向与左手大拇指旋转时的移动方向相同。然后再转动第 3 个脚螺旋使气泡居中。实际操作时可以不转动第 3 个脚螺旋,而沿相同方向按同样速度转动原来的两个脚螺旋使气泡居中。在操作熟练以后,不必将气泡的移动分解为两步,而可以直接转动两个脚螺旋使气泡居中。

3)调焦、照准

眼睛通过照门与准星连成一条直线瞄准目标,调节目镜使十字丝清晰,转动调焦螺旋至成像清晰。转动望远镜微动螺旋,使十字丝的竖丝对准水准尺的中间,使水准尺竖直读取读数。

注意:

①视差:成像未落在十字丝平面网上。

②消除视差:反复调节目镜、物镜对光螺旋使成像落到十字丝平面网上。

4)精平

在每次读数之前必须调节微倾螺旋使水准管气泡居中,使视准轴精确水平。在转动微倾螺旋之前,先侧头看管水准器,再转动微倾螺旋看管水准器气泡大致跑到水准管中间,然后再闭上一只眼睛看管水准器的观测窗,微微转动微倾螺旋使气泡的两半边影像重合。此时视准轴水平,通过眼睛射出的是一条水平射线。

注意:

①当气泡大致居中时,眼睛看观察窗中的气泡影像,螺旋旋转的方向,与左边气泡移动方向相同。

②由于气泡的移动有惯性,所以转动微倾螺旋的速度不能快,特别是在符合水准器的两端气泡影像将要对齐的时候尤其应注意,只有当气泡已经稳定不动而又居中的时候才达到精平的目的。

5)读数

仪器已经精平后即可在水准尺上读数。为了保证读数的准确性,并提高读数的速度,可以首先看好 cm 的估读数(即 mm 数),然后再将全部读数报出。一般习惯上报 4 个数字,即 m、dm、cm、mm,并且以 mm 为单位,例如 1.367 m 或读 1 367,2.000 m 或读 2 000,0.068 m 或读 0 068,这对于观测、记录及计算工作都有一定的好处,可以防止不必要的误会和错误。

1.1.2 实训目的和要求

1)实训目的

①掌握 DS₃ 型微倾水准仪的构造及各部件的名称和作用。

②掌握水准仪使用的操作要领。

③能准确读取水准尺读数。

④能进行简单的水准测量。

2)实训任务

①明确水准仪各组成部分及其功能,填写表1.1。

②熟练掌握水准仪的使用方法及步骤。

表 1.1 水准仪各组成部分及其功能

序　号	部件名称	作　用
1	准星与照门	
2	目镜对光螺旋	
3	物镜对光螺旋	
4	制动螺旋	
5	微动螺旋	
6	微倾螺旋	
7	脚螺旋	
8	圆水准器	
9	管水准器	
10	水准管观测窗	

3)实训要求

①实训时间 2 课时,随堂实训。

②每 4 人一组,选 1 名小组长,负责仪器的领取、保管及交还。

③仪器工具:DS₃ 水准仪 l 台、水准尺 2 把及三脚架 1 个。

④实习任务:每小组选 4 个点 1、2、3、4,分别测量出 1 与 2、2 与 3、3 与 4、4 与 1 之间的高差,每个高差至少 2 组数据,要求每人测出 1 个高差,最后整理成报告,上交。

1.1.3　注意事项

①掌握操作要领,尤其是水准仪操作中的仪器安置及仪器整平操作,要反复练习,熟练掌握,提高工作效率。

②正确使用仪器各部分螺旋,应注意对螺旋不能用力强拧,以防损坏。

③读数前必须消除视差,并使附合水准器气泡居中,注意水准尺上的标记与刻画的对应关系,避免读数发生错误。

④按要求认真完成实习任务,不得出现相同的测量数据。

⑤注意保护仪器,禁止拿着仪器追逐打闹,并按时交还仪器。

⑥遵守实习纪律,注意人身安全。选取实习场地时,远离马路及人流较多的场所。

1.1.4　实训报告

根据实训组织、实训任务、实训步骤认真填写实训报告。

实训报告

1.实训组织

组长:　　　　　小组成员:

2. 实训任务安排

场地： 水准点选取：

3. 实训步骤

（1）安置仪器及粗平

①安置仪器：

②粗平：

（2）调焦、照准

①概略照准：

②目镜调焦：

③物镜调焦：

④精确照准：

（3）精平和读数

①精平：

②读数：

4. 整理实训数据，填写表格

要求每个成员在1个测站观测2次，填写2次表格见表1.2。

表1.2 水准测量手簿

仪器号： 天 气： 观测者：
日 期： 地 点： 记录者：

安置仪器次数	测　点	后视读数/m	前视读数/m	高差/m	高程/m
第一次					
第二次					

5. 总结实训心得体会

练 习 题

一、选择题

1. 视线高等于（　　）+后视点读数。

　　A. 后视点高程　　　　B. 转点高程　　　　C. 前视点高程　　　　D. 仪器点高程

2. 在水准测量中转点的作用是传递（　　）。

　　A. 方向　　　　　　B. 角度　　　　　　C. 距离　　　　　　D. 高程

3. 水准测量时，为了消除 i 角误差对1测站高差值的影响，可将水准仪置在（　　）处。

　　A. 靠近前尺　　　B. 两尺中间　　　　C. 靠近后尺　　　　D. 无所谓

4. 在水准测量中，对于同一测站，当后尺读数大于前尺读数时说明后尺点（　　）。

A. 高于前尺点　　　　　B. 低于前尺点　　　　　C. 高于侧站点　　　　　D. 与前尺点等高

5. 在水准测量中要求前后视距离相等,其目的是消除(　　)的误差影响。

　　A. 水准管轴不平行于视准轴　　　　　　　B. 圆水准轴不平行于竖轴

　　C. 十字丝横丝不水平　　　　　　　　　　D. 以上三者

6. 在水准测量中设 A 为后视点、B 为前视点,并测得后视点读数为 1.124 m,前视点读数为 1.428 m,则 B 点比 A 点(　　)。

　　A. 高　　　　　　　　B. 低　　　　　　　　C. 等高　　　　　　　　D. 无法判断

7. 从观察窗中看到附合水准气泡影像错动间距较大时,需(　　)使附合水准气泡影像附合。

　　A. 转动微倾螺旋　　　　　　　　　　　　B. 转动微动螺旋

　　C. 转动 3 个螺旋　　　　　　　　　　　　D. 转动物镜对光螺旋

8. 转动目镜对光螺旋的目的是(　　)。

　　A. 看清近处目标　　　B. 看清远处目标　　　C. 消除视差　　　　　D. 看清十字丝

9. 消除视差的方法是(　　)使十字丝和目标影像清晰。

　　A. 转动物镜对光螺旋　　　　　　　　　　B. 转动目镜对光螺旋

　　C. 反复交替调节目镜及物镜对光螺旋　　　D. 让眼睛休息一下

10. 转动脚螺旋使水准仪圆水准气泡居中的目的是(　　)。

　　A. 使视准轴平行于管水准轴　　　　　　　B. 使视准轴水平

　　C. 使仪器竖轴平行于圆水准轴　　　　　　D. 使仪器竖轴处于铅垂位置

二、简答题

1. A 为后视点,B 为前视点,A 点的高程为 126.016 m。读得后视读数为 1.123 m,前视读数为 1.428 m,问 A、B 两点间的高差是多少? B 点比 A 点高还是低? B 点高程是多少? 并绘图说明。

2. 何谓视准轴和水准管轴? 圆水准器和管水准器各起什么作用?

3. 何谓视差? 如何检查和消除视差?

4. 简述 DS$_3$ 型微倾水准仪与自动安平水准仪的主要不同之处。

能力测试题

根据表 1.3 所列观测资料,计算高差之和,并对高差之和进行分析讨论。

表 1.3　观测资料

测　站	点　名	后视读数/m	前视读数/m	高差/m	备　注
1	BMA-TP1	1.266	1.212		
2	TP1-TP2	0.746	0.523		
3	TP2-TP3	0.578	1.345		
4	TP3-BMA	1.665	1.126		
校核计算	$\sum a - \sum b =$		$\sum h =$		

1.2 普通水准路线测量实训

1.2.1 实训基本知识提要

在进行连续水准测量时,若其中任何一个后视或前视读数有错误,都会影响高差的正确性。对于每一测站而言,为了校核每次水准尺读数有无差错,可采用改变仪器高的方法或双面尺法进行测站检核。

1)变动仪器高的方法

变动仪器高法是在同一测站通过调整仪器高度(即重新安置与整平仪器),2 次测得高差,改变仪器高度在 10 cm 以上;或者用 2 台水准仪同时观测,当 2 次测得高差的差值不超过容许值(如等外水准测量,容许值为 ±6 mm),则取 2 次高差平均值作为该站测得的高差值;否则需要检查原因,重新观测。

2)双面尺法

双面尺法是在同一个测站上,仪器高度不变,而立在前视点和后视点上的水准尺分别用黑面和红面各进行一次读数,测得两次高差,互相检核。若同一水准尺红面与黑面(加常数后)之差在 3 mm 以内,且黑面尺高差与红面尺高差之差不超过 ±5 mm,则取黑、红面高差平均值作为该站测得的高差值;否则需要检查原因,重新观测。

注意:在一测站观测完后,前视尺一定不要动,要原地反尺子,因为此点起着传递高程的作用,若前视尺位置变了,就起不了传递高程的作用了,后面求出来的高程就都是错误的了。

1.2.2 实训目的和要求

1)实训目的

①掌握普通水准测量的观测、记录以及校核计算的方法。
②学会选择布设不同形式的水准路线。
③能够应用水准测量方法进行施工现场水准点的引测。
④具有独立完成施工现场测量任务的能力。

2)实训任务(具体任务、方法步骤)

任务 1:掌握利用闭合水准路线的观测方法测定待测点的高程。

任务 2:掌握闭合水准路线成果计算方法。

3)实训要求(课时安排、组织学生、任务分配、仪器工具、应交材料)

【任务1】利用闭合水准路线的观测方法测定待测点的高程

模拟施工踏勘现场。了解现场情况,对业主给定的现场高程控制点进行查看和检核,即完成根据老师给定的已知水准点观测待定水准点的高程任务。在观测过程中每个测段至少取 3 个转点,至少观测 3 个待定高程点。要求每人至少观测 1 个测站。最后整理成实训表 1.4 和表 1.5 上交。

①实训时间为 6 课时,随堂实训。
②每 8 人为两组,各选 1 名组长,负责仪器领取、保管及交还。

③仪器工具:DS₃水准仪和自动安平水准仪各1台、水准尺2把及三脚架2个。

注意:

①起点位置要做好标记。

②观测中要按顺序随时将观测数据记填写到表1.4中,以免混乱。

表1.4　水准测量绘制测量路线示意图

测　站	测　点	后视读数 /m	前视读数 /m	高差/m		高程/m	备　注
				+	−		
校核计算	$\sum a - \sum b =$			$\sum h =$			

知识链接

1)内业计算的方法及意义

普通水准测量外业观测结束后,首先应复查与检核记录手簿,计算各点间的高差。经检核无误后,根据外业观测的高差计算闭合差。若闭合差符合规定的精度要求,则调整闭合差,最后计算各点的高程。

按水准路线布设形式进行成果整理,其内容包括以下几方面:

①水准路线高差闭合差的计算与校核;

②高差闭合差的分配和计算改正后的高差;

③计算各点改正后的高程。

不同等级的水准测量,对高差闭合差的容许值有不同的规定。等外水准测量的高差闭合差容许值如下:

平原地区$f_{h容} = 40\sqrt{L}$ mm,式中 L 为水准路线长度,km;

在山丘地区,当每千米水准路线的测站数超过16站时,容许高差闭合差可用下式计算:

$$f_{h容} = 12\sqrt{n} \quad mm$$

式中 n——水准路线的测站总数。

在施工中,当设计单位根据工程性质提出具体要求时,应按要求精度施测。

2)水准路线

①附合水准路线: $f_h = \sum h - \sum h_理 = \sum h - (H_终 - H_始)$

②支水准路线: $f_h = \sum h_往 + \sum h_返$

③闭合水准路线: $f_h = \sum h - \sum h_理 = \sum h$

注意:

①附合水准路线适用于开阔区域。

②支水准路线适用于狭长区域。

③闭合水准路线用于补充测量。

【任务2】闭合水准路线的成果计算方法

①计算闭合差:

②检核:

③计算改正后高差:

④计算各测点高程:

将表1.4仔细核对后,填写表1.5进行测量成果计算检核。

表1.5 闭合水准测量成果计算检核

测段编号	点 名	距离/km	测站数	实测高差/m	改正数/m	改正后的高差/m	高程/m	备 注
	A						156.00	
1								
	1							
2								
	2							
3								
	3							
4								
	A							
$\sum$								
辅助计算	$f_h =$ $f_容 =$							

1.2.3 注意事项

①在施测过程中,应严格遵守操作规程。观测、记录、扶尺一定要互相配合好,才能保证测量工作顺利进行。记录应在观测读数后,一边复诵校核一边立即记入表格,及时算出高差。

②放置水准仪时,尽量使前、后视距相等。

③每次读数时水准管气泡必须居中。

④观测前,仪器都必须进行检验和校正。

⑤读数时水准尺必须竖直,有圆水准器的尺子应使气泡居中;读数后,记录者必须当场计算,测站检核无误,方可迁站。

⑥尺垫顶部和水准尺底部不应沾带泥土,以免对读数准确性产生影响;仪器迁站要注意不能碰动转点上的尺垫。

⑦前后视线长度一般不超过100 m,视线离地面高度一般不应小于0.3 m。

1.2.4 实训报告

按要求完成本节实习任务里的各个表格。

练 习 题

1.高差闭合差的分配原则以( )成正比例进行分配。

    A.与测站数   B.与距离   C.与高差的大小   D.与距离或测站数

2.附合水准路线高差闭合差的计算公式为( )。

    A.$f_h = h_{往} - h_{返}$ B.$f_h = \sum h$ C.$f_h = \sum h - (H - H_{始})$ D.$f_h = H - H_{始}$

3.在进行高差闭合差调整时,某一测段按测站数计算每站高差改正数的公式为( )。

    A.$V_i = f_h / N$(N为测站数)   B.$V_i = f_h / S$(S为测段距离)

    C.$V_i = -f_h / N$(N为测站数)   D.$V_i = f_h \cdot N$(N为测站数)

4.圆水准器轴与管水准器轴的几何关系为( )。

    A.互相垂直   B.互相平行   C.相交60°   D.相交120°

5.转动目镜对光螺旋的目的是( )。

    A.看清近处目标   B.看清远处目标   C.消除视差   D.看清十字丝

6.在水准测量中为了有效消除视准轴与水准管轴不平行、地球曲率、大气折光的影响,应注意( )。

    A.读数不能错   B.前后视距相等   C.计算不能错   D.气泡要居中

7.等外(普通)测量的高差闭合差容许值,一般规定为( )mm(L为千米数,n为测站数)。

    A.$\pm 12\sqrt{n}$ B.$\pm 12\sqrt{L}$ C.$\pm 40\sqrt{n}$ D.$\pm 40\sqrt{L}$

能力测试题

建筑物变形观测设计

建筑物沉降观测使用水准测量方法,根据水准基点周期性的观测建筑物的沉降观测点的高程变化,以测定其观测的沉降。水准基点(图1.2)是建筑物沉降观测的依据,为了便于互相检核,一般情况下建筑物周围最少要布设3个基点,且与建筑物相距50 m至100 m的范围为宜。所布设的水准基点,在未确定其稳定性前,严禁使用。

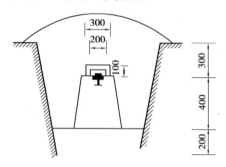

图1.2 水准基点

沉降观测点(图1.3)是设立在建筑物上,能反映建筑物沉降量变化的标志性观测点。考虑水准基点的稳定性,试设计建筑物沉降观测过程。

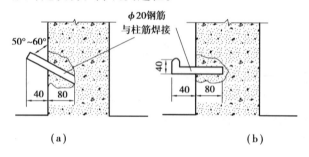

图1.3 沉降观测点

提示:沉降变形观测时,前后视应使用同一根水准尺,并且视线长度不应大于50 m。保持前后视距大致相等。在客观上能保证尽量减少观测误差的主观不确定性,使所测的结果具有统一的趋向性;能保证各次复测结果与首次观测结果的可比性一致,使所观测的沉降量更真实。

项目2　角度测量

测量的根本任务是地面点位的确定,而角度测量即为工程中的定位放线,定位放线贯穿于整个建筑工程的始终,并且直接影响到工程质量与进度,它是工程中的一把标准尺,位置定在哪里、轴线放在哪里,施工就以此为标准。施工中的定位放线必须以国家测量规范为标准,达到精度要求。因此,实训的目的就是要使学生熟练掌握经纬仪构造,操作水平角、竖直角测量以及经纬仪的检验与校正,通过在校实训让学生与实际工程零距离接轨。

2.1　DJ_6、DJ_2型经纬仪的认识与使用

2.1.1　实训目的和要求

1)实训目的

①通过实训使学生掌握经纬仪的测量原理、构造及各部件的作用。

②通过实训使学生基本掌握经纬仪的操作方法。

2)实训要求

①实训时间为2课时,随堂实训。

②每组8人,选2名小组长,负责仪器领取、保管及交还。

③仪器工具:DJ_2、DJ_6型经纬仪各1台,即每4人1台,三脚架2个。

2.1.2　实训任务

1)实训仪器

熟悉经纬仪各组成部分及其功能,填写实习记录表2.1。

表2.1　经纬仪各组成部分及其功能

序　号	部件名称	作　用
1		
2		
3		
4		
5		
6		
7		
8		
9		
10		

续表

序　号	部件名称	作　用
11		
12		
13		
14		
15		

2)实训步骤

将经纬仪从箱中取出,安置到三脚架上,拧紧中心连接螺旋。然后熟悉仪器构造和各部件的功能,正确使用制动螺旋、微动螺旋、调焦螺旋和脚螺旋,了解分微尺的读数方法及水平度盘变换手轮的使用。

(1)练习对中和整平

①对中

a.将三脚架安置在测站上,使架头大致水平;

b.调整仪器的3个脚螺旋,使光学对中器的中心标志对准测站点(不要求气泡居中);

c.伸缩三脚架腿使照准部圆水准器或管状水准器气泡大致居中。

②整平

使照准部水准管轴平行于2个脚螺旋的连线,转动这2个脚螺旋使水准管气泡居中,将照准部旋转90°,转动另一脚螺旋使气泡居中,在这2个位置上来回数次,直到水准管气泡在任何方向都居中为止。若整平后发现对中有偏差,可松开中心连接螺旋,移动照准部再进行对中,拧紧后仍需重新整平仪器,这样反复几次,就可对中、整平。

(2)测量两个方向间的水平角

松开照准部和望远镜的制动螺旋,用准星和照门瞄准左边目标,拧紧照准部和望远镜的制动螺旋。经过调焦使物像清晰,然后用照准部和望远镜的微动螺旋使十字丝的单丝(平分目标)或双丝(夹住目标)准确照准左目标,并读出水平度盘的读数(以 a 表示),计入手簿。松开照准部和望远镜的制动螺旋,顺时针转动照准部,如前所述再瞄准右目标,读出水平度盘的读数(以 b 表示),记入手簿。$\beta = b - a$,当 b 不够减时,将 b 加上360°。

2.1.3　注意事项

①在实训期间仪器跟前不准离人,以防人跑动时碰倒仪器,或是大风刮倒仪器。

②正确使用仪器各部分螺旋,应注意不能用力强拧螺旋,以防损坏。

③操作中管水准器要与圆水准器同时居中,否则仪器不满足条件。

2.1.4　实训报告

回答填写实训任务中的问题,总结实训心得体会,上交实训报告。

练 习 题

一、选择题

1.经纬仪精确整平的要求是(　　　)。

　　A.转动脚螺旋管水准器气泡居中

　　B.转动脚螺旋圆水准器气泡居中

　　C.转动微倾螺旋管水准器气泡居中

　　D.管水准器与圆水准器气泡同时居中

2.经纬仪的安置仪器顺序是(　　　)。

　　A.对中、整平　　　　　B.调焦、照准　　　　　C.读取读数　　　　　D.A、B、C

3.经纬仪安置时,整平的目的是使仪器的(　　　)。

　　A.竖轴位于铅垂位置,水平度盘水平　　　　　B.水准管气泡居中

　　C.竖盘指标处于正确位置　　　　　D.圆水准器气泡居中

二、简答题

1.经纬仪上有几对制动与微动螺旋? 它们各起什么作用?

2.经纬仪安置仪器的重要性在哪里? 重点应掌握哪几条?

3.经纬仪精确整平时管水准器与圆水准器气泡为什么必须同时居中?

4.经纬仪精确对中时应特别注意什么?

5 DJ_6 与 DJ_2 级光学经纬仪的区别在哪里? DJ_2 级光学经纬仪分微尺测微器读数时应注意什么?

2.2 测回法水平角观测实训

2.2.1 实训目的

①熟练掌握经纬仪各部位的名称、构造及作用。

②掌握水平角测回法的观测方法。

2.2.2 实训任务

一测回水平角观测。

2.2.3 注意事项

①经纬仪的对中、整平要反复进行,严格同时达到要求,否则所测出的水平角不是工程中所需要的角度。

②水平角起始读数要求是 $0°00'00''$。

③盘左、盘右瞄准时要用十字丝纵丝准确瞄准同一目标。

④DJ_2 级经纬仪读数时一定要对镜分划窗口上下格重齐,才能读取读数。

⑤盘左、盘右读取读数时应整相差 $180°$。

2.2.4 实训步骤

①仪器安置在测站上,对中、整平后,盘左照准左目标,用度盘变换手轮使起始读数略大于0°02′,关上度盘变换手轮保险,将起始读数记入手簿;松开照准部制动螺旋,顺时针转动照准部,照准右目标,读数并记入手簿,称为上半测回。

②转动望远镜,将其由盘左位置转换为盘右位置,首先照准右目标,读数并记入手簿,松开制动螺旋,逆时针旋转照准部照准左目标,读数并记入手簿,称为下半测回(上半测回和下半测回称为一个测回)。

③测完第一测回后,应检查水准管气泡是否偏离;若气泡偏离值小于1格,则可测第二测回。第二测回开始前,始读数要设置在90°02′左右,再重复第一测回的各步骤。当两个测回间的测回差不超过±24″时,再取平均值。

表2.2 水平角观测记录

仪器号: 　　　　 天 气: 　　　　 观测者:
日 期: 　　　　 呈 像: 　　　　 记录者:

测 站	竖盘位置	目 标	水平度盘读数(° ′ ″)	半测回角值(° ′ ″)	一测回角值(° ′ ″)	各测回平均角值(° ′ ″)	备 注

2.2.5 实训心得总结

完成上面的实训任务并总结实训心得体会。

练 习 题

一、选择题

1.产生视差的原因是(　　　)。

　　A.仪器校正不完善　　　　　　　B.物像与十字丝面未重合

　　C.十字丝分划板不正确　　　　　D.目镜成像错误

2.用经纬仪观测水平角时,尽量照准目标的底部,其目的是消除(　　　)误差对测角的影响。

　　A.对中　　　　　B.照准　　　　　C.目标偏心　　　　　　D.整平

3.采用盘左、盘右的水平角观测方法,可以消除(　　　)误差。

　　A.对中　　　　　　　　　　　B.十字丝的竖丝不垂直于横轴

　　C.视准轴不垂直于横轴　　　　D.整平

4.若经纬仪的视准轴与横轴不垂直,在观测水平角时,其盘左、盘右的误差影响是(　　　)。

　　A.大小相等　　　　　　　　　B.大小相等,符号相同

　　C.大小不等,符号相同　　　　D.允许范围

5.用测回法观测水平角,可以消除(　　　)误差。

　　A.2C　　　　　B.指标差　　　　　C.横轴误差大气折光误差　　D.对中误差

二、简答题

1.DJ_2 与 DJ_6 级光学经纬仪的主要区别是什么?

2.电子经纬仪有哪些功能? 与光学经纬仪的主要区别是什么?

3.观测水平角时,为什么要求用盘左、盘右观测? 盘左、盘右观测取平均值能否消除水平度盘不水平造成的误差?

4.DJ_2 级光学经纬仪读数时为什么对镜分划窗口上下格重齐,才能读取读数?

5.盘左、盘右读取读数时为什么相差 180°?

2.3 竖直角及垂直度观测

2.3.1 实训目的

①熟练掌握竖直角观测方法。

②掌握利用竖直角观测的方法检查建筑物的垂直度。

2.3.2 注意事项

①望远镜横丝切准目标,固定望远镜制动螺旋,读取观测值,套竖直角公式。

②如不知道建筑物的总高,也可以一层高为标准进行测量。

③也可通过观测竖直角及测站到建筑物水平距离,利用勾股定理计算建筑物的总高。

2.3.3 实训任务

1)竖直角观测

(1)竖直角观测操作步骤

①安置三脚架概略对中。

②安置仪器精确对中、整平。

③目镜调焦。

④物镜调焦。

⑤概略瞄准、准确瞄准。

⑥读取观测值。

(2)竖直角观测记录(表2.3)

表2.3 竖直角记录表

仪器号: 天 气: 观测者:

日 期: 地 点: 记录者:

测 站	目 标	竖盘位置	竖盘读数 (° ′ ″)	指标差 (″)	竖直角 (° ′ ″)	备 注

2)垂直度观测

(1)垂直度观测操作步骤

①安置三脚架概略对中。

②安置仪器精确对中、整平。

③目镜调焦。

④物镜调焦。

⑤概略瞄准、准确瞄准。

望远镜纵丝瞄准所测建筑物边缘的顶部,固定照准部,望远镜往下辐射到建筑物的底部,量取偏差值计算偏差度。

(2)竖直度观测记录(表2.4)

①盘左:

②盘右:

③精度要求:

④垂直度:

表2.4 经纬仪垂直度记录表

仪器号:			天 气:		观测者:	
日 期:			地 点:		记录者:	

测 站	目 标	竖盘位置	是否有偏差值	平均偏差值	允许偏差值	备 注
	A	左				
		右				
	B	左				
		右				

3)实训心得总结

完成上面的实训任务并总结实训心得体会。

练 习 题

一、选择题

1. 当经纬仪的望远镜上下转动时,竖直度盘( )。

    A. 与望远镜一起转动　　　　　　　　B. 与望远镜相对转动

    C. 不动　　　　　　　　　　　　　　D. 有时一起转动,有时相对转动

2. 观测某目标的竖直角,盘左读数为 $101°23'36''$,盘右读数为 $258°36'00''$,则指标差为( )。

    A. $24''$　　　　　　B. $-12''$　　　　　　C. $-24''$　　　　　　D. $12''$

3. 竖直指标水准管气泡居中的目的是( )。

    A. 使度盘指标处于水平位置　　　　　　B. 使竖盘处于铅垂位置

    C. 使竖盘指标处于铅垂位置指向90°　　　D. 使竖盘指标指向0°

5. 用测回法观测竖直角,可以消除( )误差。

    A. 2C　　　　　　B. 指标差　　　　　　C. 横轴误差大气折光误差　　D. 对中误差

二、简答题

1. 测量水平角与测量竖直角有何不同?

2. 为什么在读取竖直度盘读数时要求竖盘指标为 90°？

2.4 经纬仪的检验

2.4.1 实训目的和要求

掌握经纬仪各轴线必须满足条件的检验方法。

2.4.2 实训任务

1）经纬仪的轴线及其应满足的条件

①经纬仪的轴线：

②应满足的条件：

2）经纬仪的检验

（1）水准管轴的检验与校正

检验目的：

①检验：

②校正：

（2）十字丝的检验与校正

检验目的：

①检验：

②校正：

（3）望远镜视准轴的检验与校正

检验目的：

①检验：

②校正：

（4）横轴垂直于竖轴的检验与校正

检验目的：

①检验：

②校正：

（5）仪器的竖轴检验与校正

检验目的：

①检验：

②校正：

（6）对点器的检验与校正

检验目的：

①检验：

②校正：

2.4.3 实训报告

完成上面的实训任务并总结实训心得体会。

练 习 题

1.经纬仪视准轴检验和校正的目的是(　　)。

　　A.使横轴垂直于竖轴　　　　　　　　B.使视准轴垂直于横轴

　　C.使视准轴平行于水准管轴　　　　　D.使视准轴平行于横轴

2.在经纬仪照准部的水准管检校过程中,仪器按规律整平后,把照准部旋转180°,气泡偏离零点,说明(　　)。

　　A.水准管不平行于横轴　　　　　　　B.仪器竖轴不垂直于横轴

　　C.水准管轴不垂直于仪器竖轴　　　　D.竖轴不垂直于横丝

3.若经纬仪的视准轴与横轴不垂直,在观测水平角时,其盘左、盘右的误差影响是(　　)。

　　A.大小相等　　　　　　　　　　　　B.大小相等,符号相同

　　C.大小不等,符号相同　　　　　　　D.绝对值在允许范围

4.光学经纬仪应满足(　　)项几何条件。

　　A.3　　　　　　　B.4　　　　　　　C.5　　　　　　　D.6

项目 3 距离测量

距离测量指的是测量地面上两点连线长度。通常需要测定的是水平距离,既两点连线投影在某水准面上的长度。它是确定地面点的平面位置的要素之一。测量地面上两点连线长度的工作是测量工作中最基本的任务之一。距离测量的方法有钢尺测距、视距测量、视差法测距和电磁波测距等,可根据测量的性质、精度要求和其他条件选择测量方法。

距离测量实训的目的是培养将理论知识运用到实践中解决实际问题的能力,因此要求学生必须有足够的知识储备、运用能力和熟练的仪器操作能力。在进行实地测量时有很多情况是人们意想不到的,在课本上也没有解决方法,这就需要人们应用已有知识具体情况具体分析,找到最佳解决方案,得到解决方法后也要认真分析,并领会解决方案的精髓,以便日后遇到同样或类似的问题能够顺利解决。

1) 实训目的和要求

(1) 实训目的

①练习直线定线。

②练习普通钢尺量距。

③练习在某一方向上已知距离的测设。

(2) 实训任务

①在实训场地上相距 60~80 m 的 A、B 两点各打一木桩,作为直线的端点桩,木桩上钉小铁钉或画十字线作为点位标志,木桩高出地面约 5 cm。

②进行直线定线。先在 A、B 两点立好标杆,观测员甲在 A 点标杆后面 1 m 左右,用单眼通过 A 标杆一侧瞄准 B 标杆同一侧,形成视线,观测员乙拿 AB 标杆到欲定点①处,侧身立好标杆,根据甲的指挥左右移动,当甲观测到①点标在 AB 杆同一侧并与线相切时,喊"好",乙即在①点做好标志,插一测钎,这时①点就是直线上的一点。同法可以标定出②点、③点等位置。如需将 AB 线延长,则可仿照上述方法,在 AB 线延长线上定线。

③丈量距离,填写表 3.1 其步骤如下:

a. 后尺手拿尺的末端在 A 点的后面,前尺手拿尺的零端,标杆和测钎沿 AB 方向前进,走到约一整尺段时停止前进并立标杆,听从后尺手指挥,把标杆立在 AB 直线上,做好记号。

b. 前、后尺手都蹲下,后尺手把尺终点对准起点 A 的标志,喊"预备",前尺手把尺通过定线时所作的记号,两人同时把尺拉直,拉力大小适当,尺身要保持水平,当尺拉稳后,后尺手喊"好",这时前尺手对准尺的零点刻画,在地面竖直插入一根测钎,插好后喊"好",这样就量完了一个整尺段。

c. 前、后尺手抬尺前进,当后尺手到达①点测钎后,重复上述操作,丈量第二整尺段,得到②点,量好后继续向前丈量,后尺手依次收回测钎,一根测钎代表一个整尺段。丈量到 B 点前的最后一段,由前尺手对零,后尺手读出该不足整尺段的长度。

d. 计算总长度。这就完成了往测丈量的任务。

e. 再用上述 abc 的方法进行返测丈量。取往返测丈量的平均值作为这段距离的量测值,即

$$D_{AB} = (D_{AB往} + D_{AB返})/2。$$

f. 轮换工作再进行往返丈量。

g. 在记录表中进行成果整理和精度计算。直线丈量相对误差要小于1/2 000。

h. 如果丈量成果超限,要分析原因并进行重测,直至符合要求为止。

④已知距离测设。沿 AB 方向,标出已知的距离 D_{AC}、D_{AD}、D_{AE} 的点 C、D、E。

(3)实训要求

①实训时间为 2 课时,随堂实训。

②每 4 人一组,选 1 名小组长,负责仪器的领取及交还。

③仪器工具:30 m 钢尺一把、花杆 3 根、测钎 5 根、木桩 3 根、斧子 1 把、记录板 1 块和工具包 1 个。

④实习任务:每人在 AB 段定线 1 次、测量 1 次、记录计算 1 次和标定已知距离的点 3 个。

2)注意事项

①本次实训内容多,各组同学要互相帮助,以防出现事故。

②借领的仪器和工具在实训中要保管好,防止丢失。

③钢尺切勿扭折或在地上拖拉,用后要用油布擦净,然后卷入盒中。

④往返测要重新定线。

3)实训报告

根据实训组织、实训任务、实训步骤认真填写实训报告。

实训报告

表 3.1　距离丈量记录表

线　段	观测次数	整尺段/m	零尺段/m	总计/m	相对误差	平均值/m
AB	往　测					
	返　测					

项目 4　圆曲线测设

在建筑工程、道路工程、水利工程等工程项目的设计中,为了美观、安全、方便使用等原因,往往要对建筑物、构筑物的一部分进行圆曲线的设计。如何对圆曲线进行合理设计,如何计算曲线要素,如何进行曲线的测设,是本实训项目所要解决的问题。

1)实训目的和要求

(1)实训目的

①熟悉经纬仪的使用。

②熟练掌握圆曲线测设的方法及步骤。

(2)实训要求

①每组放样出 1 个圆曲线主点(ZY、QZ、YZ)及 2 个整桩号点,两图取一,如图 4.1 所示。转折角 α 可取 45°、90°半径 R 可取 4 m、2 m。计算切线长 T、外距 E,测设教学楼、办公楼、图书楼前道路的拐弯处。

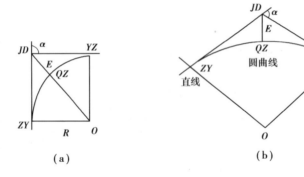

(a)　　　　　　　　　　　(b)

图 4.1　圆曲线测设图

②要点:复杂的平曲线测设最终都化解为基本的水平角、距离测设。

2)实训任务

主点测设:安置经纬仪于起始桩号上 ZY,瞄准起始测设方向,倒转望远镜瞄准要测设的方向,由起始桩号 ZY 点起量取 T 得出 JD,再按仪器于 JD 测设转折角 α 再量取 T、E,得主点 ZY、YZ、QZ。

3)实训要求

(1)实训组织

①实训时间为 2 课时,随堂实训。

②每 4 人一组,选 1 名小组长,负责仪器的领取及交还。

(2)仪器分配

仪器工具:DJ$_2$ 经纬仪 1 台、三脚架 1 个。

(3)注意事项

①掌握操作要领,尤其是在经纬仪操作过程中的仪器安置及仪器整平,提高工作效率。

②正确使用仪器的各部分螺旋,对螺旋不能用力强拧,以防损坏。

③读数前必须消除视差,并使符合水准器气泡居中,注意水准尺上标记与刻划的对应关系,避免读数时产生错误。

④按要求认真完成实训任务,不得出现相同的测量数据。

⑤注意保护仪器,禁止拿着仪器追逐打闹,并按时交还仪器。

⑥遵守实训纪律,注意人身安全。选取实训场地时,远离马路及人流较多的场所。

4)实训报告

根据实训组织、实训任务、实训步骤认真填写实训报告。

实训报告

1.实训组织

组长:

小组成员:

2.实训任务安排任务:

场地:

JD、ZY点的选取:

3.实训步骤

(1)计算测设数据

(2)将仪器安置于 ZY 点上

①粗略整平对中:

②精平对中:

(3)瞄准 JD,配盘

①粗略瞄准:

②精确瞄准:

③配盘:

(4)测设

4.整理实训数据,填写表格

5.总结实训

项目 5　全站仪的应用

全站仪又称全站型电子测速仪,在测站上安置好仪器后,除照准需人工操作外,其余均可自动完成,而且几乎在同一时间得到平距、高差和点的坐标。全站仪是由电子测距仪、电子经纬仪和电子记录装置 3 部分组成的。全站仪采用了光电扫描测角系统,其类型主要有编码盘测角系统、光栅盘测角系统及动态(光栅盘)测角系统 3 种。

全站仪按外观结构可分为 2 类:积木型和整体型;按测量功能可分为 4 类:经典型全站仪、机动型全站仪、无合作目标型全站仪和智能型全站仪;按测距仪测距可分为 3 类:短测程全站仪(测程小于 3 km)、中测程全站仪(测程 3 ~ 15 km)和长测程全站仪(测程大于 15 km)。

全站仪的各种型号仪器的基本机构大致相同。本部分实训内容,以南方 NTS-360 系列全站仪为例进行实训。该系列仪器的外部构造如图 5.1 所示。

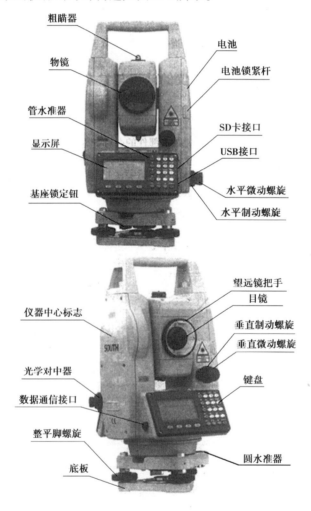

图 5.1　南方 NTS-360 系列全站仪

目前,随着计算机技术的不断发展与应用以及用户的特殊要求与其他工业技术的应用,全站仪出现了一个新的发展时期,出现了带内存、防水型、防爆型、计算机型等的全站仪。全站仪的应用也越来越广泛,深入市政规划、土木工程、道路工程、桥梁隧道工程、精密工程、矿山开采、历史考古等方面,进行了多种多样的测量工作。

全站仪进行的测量工作主要有以下4种:

a.布设控制网,进行控制测量;

b.地形图、地籍图等各种地图的测绘;

c.工程放样;

d.建筑物、构筑物的变形观测。

通过全站仪的实训,使学生们掌握全站仪的基本知识和基本原理,熟悉全站仪的应用,并能够熟练掌握全站仪的使用,进行常规的测量工作。

5.1 全站仪的认识与常规测量实训

1)实训目的

①认识全站仪的构造,了解仪器各部件的名称和作用。

②初步掌握全站仪的操作要领。

③掌握全站仪测量角度、距离和坐标的方法。

2)实训任务

(1)实训任务

①选择某点位安置全站仪。

②熟悉全站仪的主要程序界面(如图5.2所示)。

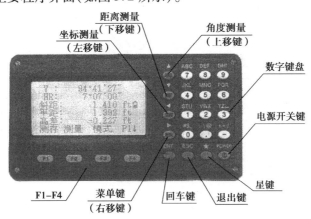

图5.2 全站仪的程序界面

③每小组成员熟练操作全站仪,选择一个水平角用测回法观测2个测回,计算水平角度值,同时观测水平距离和点的三维坐标,其中测站点的坐标假设为 $O(1\,000,1\,000,150)$,后视方向 OB 的方位角 $\alpha = 45°00'00''$。记录观测数据,完成实训报告内容上交。

(2)方法步骤

①架设三脚架。将三脚架伸到适当高度,确保三腿等长、打开,并使三脚架顶面近似水平,且位于测站点的正上方。将三脚架腿支撑在地面上,固定三个架腿。

②安置仪器和对点。将仪器小心地安置到三脚架上,拧紧中心连接螺旋,调整光学对点器,使十字丝成像清晰。双手握住两条架腿,通过对光学对点器的观察调节这两条腿的位置。当光学对点器大致对准测站点时,使三脚架3条腿在地面上踩实。调节全站仪的3个脚螺旋,使光学对点器精确地对准测站点。

③利用圆水准器粗平仪器,调整三脚架3条腿的长度,使全站仪圆水准气泡居中。

④利用管水准器精平仪器,测量时主要分为以下两步进行:

a.松开水平制动螺旋,转动仪器,使管水准器平行于某一对脚螺旋 A、B 的连线。通过旋转脚螺旋 A、B,使管水准器气泡居中;

b.将仪器旋转90°,使其垂直于脚螺旋 A、B 的连线,旋转脚螺旋 C,使管水准器泡居中。

⑤精确对中与整平。通过对光学对点器的观察,轻微松开中心连接螺旋,平移仪器(不可旋转仪器),使仪器精确对准测站点。拧紧中心连接螺旋,再次精平仪器。此项操作重复至仪器精确对准测站点为止。

(3)角度测量

选择角度测量模式,测角模式一共有3页菜单,如图5.3所示。

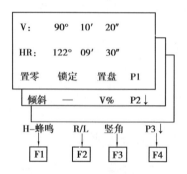

图5.3 角度测量模式

①水平角右角和垂直角的测量。确认处于角度测量模式。

操作过程	操作	显示
①照准第一个目标 A	照准目标 A	V： 82°09′30″ HR： 90°09′30″ 置零 锁定 置盘 P1↓
②设置目标 A 的水平角为 0°00′00″,按 F1 (置零)和 F3 (是)	F1 F3	水平角置零 ＞OK? — —[是] [否] V： 82°09′30″ HR： 0°00′00″ 置零 锁定 置盘 P1↓

续表

操作过程	操作	显　示
③照准第二个目标 B，显示目标 B 的 V/HR	照准目标 B	V：　　92°09′30″ HR：　67°09′30″ 置零　锁定　置盘　P1↓

瞄准目标的方法（供参考）：

a.将望远镜对准明亮天空，旋转目镜筒，调焦看清十字丝（先朝自己方向旋转目镜筒，再慢慢旋进调焦看清十字丝）；

b.利用粗瞄准器内的三角形标志的顶尖瞄准目标点，照准时眼睛与瞄准器之间应保留有一定距离；

c.利用望远镜调焦螺旋使目标成像清晰。

当眼睛在目镜端上下或左右移动发现有视差时，说明调焦或目镜屈光度未调好，这将影响观测的精度，应仔细调焦并调节目镜筒消除视差。

②水平角（右角/左角）切换。确认处于角度测量模式。

操作过程	操作	显　示
①按 F4（↓）2 次转到第 3 页功能	F4 2 次	V：　　122°09′30″ HR：　90°09′30″ 置零　　锁定　置盘　P1↓ 倾斜　　—　　V%　　P2↓ H-蜂鸣　R/L　竖角　P3↓
②按 F2（R/L），右角模式（HR）切换到左角模式（HL）	F2	V：　　122°09′30″ HL：　269°50′30″ H-蜂鸣　R/L　竖角　P3↓
③以左角模式（HL）进行测量		
＊每次按 F2（R/L），HR/HL 两种模式交替切换。		

③水平角的设置。

a.通过锁定角度值进行设置。确认处于角度测量模式。

操作过程	操作	显　示
①用水平微动螺旋转到所需的水平角	显示角度	V：　　122°09′30″ HR：　90°09′30″ 置零　锁定　置盘　P1↓

续表

操作过程	操 作	显 示
②按 F2（锁定）	F2	水平角锁定 HR： 90°09′30″ ＞设置？ — — ［是］［否］
③照准目标	照 准	
④按 F3（是）完成水平角设置*，显示窗变为正常的角度测量模式	F3	V： 122°09′30″ HR： 90°09′30″ 置零 锁定 置盘 P1↓
＊若要返回上一个模式，可按 F4（否）。		

b. 通过键盘输入进行设置。确认处于角度测量模式。

操作过程	操 作	显 示
①照准目标	照 准	V： 122°09′30″ HR： 90°09′30″ 置零 锁定 置盘 P1↓
②按 F3（置盘）	F3	水平角设置 HR： 输入 — — ［回车］
③通过键盘输入所要求的水平角*，如150°10′20″	F1 150.10.20 F4	V： 122°09′30″ HR： 150°10′20″ 置零 锁定 置盘 P1↓
随后即可从所要求的水平角进行正常的测量。＊参阅"字母数字的输入"。		

④垂直角与斜率（％）的转换。确认处于角度测量模式。

操作过程	操 作	显 示
①按 F4（↓）转到第2页	F4	V： 90°10′20″ HR： 90°09′30″ 置零 锁定 置盘 P1↓ 倾斜 — V% P2↓

续表

操作过程	操 作	显 示
②按 F3 （V%）*	F3	V: −0.30% HR: 90°09′30″ 倾斜 — V% P1↓
*每次按 F3 （V%），显示模式交替切换。 当高度超过45°（100%）时，显示窗将出现（超限），即超出测量范围。		

⑤水平角90°间隔蜂鸣。如果水平角落在0°、90°、180°或270°在±1°范围以内时，蜂鸣声响起。此项设置关机后不保留，确认处于角度测量模式。

操作过程	操 作	显 示
①按 F4 （↓）2次，进入第3页功能	F4 2次	V: 90°10′20″ HR: 170°30′20″ 置零 锁定 置盘 P1↓ H-蜂鸣 R/L 竖角 P3↓
②按 F1 （H-蜂鸣），显示上次设置状态	F1	水平角蜂鸣声 ［关］ ［开］ ［关］ — 回车
③按 F1 （开）或 F2 （关），以选择蜂鸣器的开/关	F1 或 F2	水平角蜂鸣声 ［开］ ［开］ ［关］ — 回车
④按 F4 （回车）	F4	V: 90°10′20″ HR: 170°30′20″ 置零 锁定 置盘 P1↓

⑥天顶距和高度角的转换。垂直角显示如下图所示：

操作过程	操 作	显 示
①按 F4 （↓）转到第3页	F4 2次	V: 19°51′27″ HR: 170°30′20″ 置零 锁定 置盘 P1↓ H-蜂鸣 R/L 竖角 P3↓

续表

操作过程	操 作	显 示
②按 F3 (竖角)*	F3	V: 70°08′33″ HR: 170°30′20″ H-蜂鸣 R/L 竖角 P3↓
* 每次按 F3 (竖角),显示模式交替切换。		

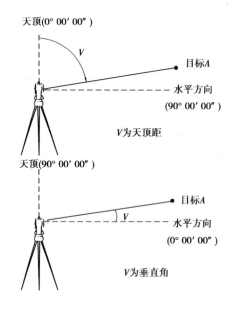

(4)距离测量

选择距离测量进入距离测量模式,距离测量模式一共 2 页菜单,如图 5.4 所示。

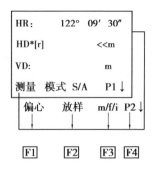

图 5.4 距离测量模式

①距离测量(连续测量)。

操作过程	操作	显示
①照准棱镜中心	照准	V: 90°10′20″ HR: 170°30′20″ H-蜂鸣 R/L 竖角 P3↓
②按 ◢,距离测量开始[1-2]	◢	HR: 170°30′20″ HD＊[r] <<m VD: m 测量 模式 S/A P1↓ HR: 170°30′20″ HD＊[r] 235.343 m VD: 36.551 m 测量 模式 S/A P1↓
显示测量的距离[3-5],再次按 ◢,显示变为水平角(HR)、垂直角(V)和斜距(SD)	◢	V: 90°10′20″ HR: 170°30′20″ SD＊ 241.551 m 测量 模式 S/A P1↓

1. 当光电测距(EDM)正在工作时,"＊"标志就会出现在显示窗。
2. 将模式从精测转换到跟踪,参阅"精测/跟踪测量模式"。
在仪器电源打开状态下,要设置距离测量模式,可参阅"基本设置"。
3. 距离的单位表示为:m(米)或ft(英尺)、in(英寸),并随着蜂鸣声在每次距离数据更新时出现。
4. 如果测量结果受到大气抖动的影响,仪器可以自动重复测量工作。
5. 要从距离测量模式返回正常的角度测量模式,可按 ANG 。
6. 对于距离测量,初始模式可以选择显示顺序(HR,HD,VD)或(V,HR,SD)参阅"基本设置"。

②距离测量(N 次测量/单次测量)。

当输入测量次数后,仪器就按设置的次数进行测量,并显示出距离平均值。当输入测量次数为1,因为是单次测量,仪器不显示距离平均值。确认处于测角模式。

操作过程	操作	显示
①照准棱镜中心	照准	V: 122°09′30″ HR: 90°09′30″ 置零 锁定 置盘 P1↓

续表

操作过程	操作	显示
②按 ◢，连续测量开始[1]	◢	HR：　　　170°30′20″ HD * [r]　　　　<< m VD：　　　　　　　m 测量　模式　S/A　P1↓
③当连续测量不再需要时，可按 F1（测量）[2]，测量模式为 N 次测量模式；当光电测距（EDM）正在工作时，再按 F1（测量），模式转变为连续测量模式	F1	HR：　　　170°30′20″ HD * [r]　　　　<< m VD：　　　　　　　m 测量　模式　S/A　P1↓ HR：　　　170°30′20″ HD：　　　566.346 m VD：　　　89.678 m 测量　模式　S/A　P1↓

1. 在仪器开机时，测量模式可设置为 N 次测量模式或者连续测量模式，参阅"基本设置"。
2. 在测量中，要设置测量次数（N 次），参阅"基本设置"。

用软键选择距离单位 m（米）、ft（英尺）、in（英寸），通过软键可以改变距离测量模式的单位。此项设置在电源关闭后不保存，参见"基本设置"进行初始设置（此设置关机后仍被保留）。

操作过程	操作	显示
①按 F4（↓）转到第 2 页功能	F4	HR：　　　170°30′20″ HD：　　　　2.000 m VD：　　　　3.678 m 测量　模式　S/A　P1↓ 偏心　放样　m/f/i　P2↓
②每次按 F3（m/f/i），显示单位就可以改变。每次按 F3（m/f/i），单位模式依次切换	F3	HR：　　　170°30′20″ HD：　　　566.346 ft VD：　　　89.678 ft 偏心　放样　m/f/i　P2↓

③精测模式/跟踪模式。这个设置在关机后不保留，参见"基本设置"进行初始设置（此设置关机后仍被保留）。

操作过程	操 作	显 示
①在距离测量模式下按 F2（模式）*所设置模式的首字符（F/T）	F2	HR： 170°30′20″ HD： 566.346 m VD： 89.678 m 测量 模式 S/A P1↓
②按 F1（精测），F2（跟踪）跟踪测量	F1	HR： 170°30′20″ HD： 566.346 m VD： 89.678 m 精测 跟踪 — F
	F2	HR： 170°30′20″ HD： 566.346 m VD： 89.678 m 测量 模式 S/A P1↓
*要取消设置，按 ESC 。		

（5）测量

选择坐标测量进入坐标测量模式,坐标测量模式一共有3页菜单,如图5.5所示。

进行坐标测量,注意:要先设置测站坐标、测站高、棱镜高及后视方位角。

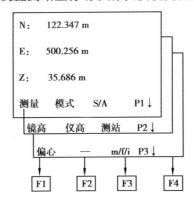

图5.5 坐标测量模式

操作过程	操 作	显 示
①设置已知点 A 的方向角	设置方向角	V： 122°09′30″ HR： 90°09′30″ 置零 锁定 置盘 P1↓

续表

操作过程	操作	显示
②照准目标 B,按 ⊿	照准棱镜 ⊿	N:　　　　　　<< m E:　　　　　　　 m Z:　　　　　　　 m 测量　模式　S/A　P1↓
③按 F1(测量),开始测量	F1	N *　　　286.245 m E:　　　 76.233 m Z:　　　 14.568 m 测量　模式　S/A　P1↓

①测站点坐标的设置。设置仪器(测站点)相对于坐标原点的坐标,仪器可自动转换和显示未知点(棱镜点)在该坐标系中的坐标。电源关闭后,可保存测站点坐标。

操作过程	操作	显示
①在坐标测量模式下,按 F4(↓),转到第2页功能	F4	N:　　　286.245 m E:　　　 76.233 m Z:　　　 14.568 m 测量　模式　S/A　P1↓ —————————— 镜高　仪高　测站　P2↓
②按 F3(测站)	F3	N:　　　　0.000 m E:　　　　0.000 m Z:　　　　0.000 m 输入　　——　　回车
③输入 N 坐标	F1 输入数据 F4	N:　　　 36.976 m E ->　　 0.000 m Z:　　　　0.000 m 输入　　——　　回车
④按同样方法输入 E 和 Z 坐标,输入数据后,显示屏返回坐标测量显示		N:　　　 36.976 m E:　　　298.578 m Z:　　　 45.330 m 测量　模式　S/A　P1↓

②仪器高的设置。电源关闭后,可保存仪器高。

操作过程	操 作	显 示
①在坐标测量模式下,按 F4 (↓),转到第2页功能	F4	N:　　　286.245 m E:　　　76.233 m Z:　　　14.568 m 测量　模式　S/A　P1↓ 镜高　仪高　测站　P2↓
②按 F2 (仪高),显示当前值	F2	仪器高 输入 仪高　　　　0.000 m 输入　　　—　—　　回车
③输入仪器高	F1 输入仪器高 F4	N:　　　286.245 m E:　　　76.233 m Z:　　　14.568 m 测量　模式　S/A　P1↓

③棱镜高的设置。此项功能用于获取 Z 坐标值,电源关闭后,可保存目标高。

操作过程	操 作	显 示
①在坐标测量模式下,按 F4 ,进入第2页功能	F4	N:　　　286.245 m E:　　　76.233 m Z:　　　14.568 m 测量　模式　S/A　P1↓ 镜高　仪高　测站　P2↓
②按 F1 (镜高),显示当前值	F1	镜高 输入 镜高　　　　0.000 m 输入　—　—　　回车
③输入棱镜高	F1 输入棱镜高 F4	N:　　　286.245 m E:　　　76.233 m Z:　　　14.568 m 测量　模式　S/A　P1↓

5.2 全站仪的放样实训

1)实训目的

①熟练全站仪的安置及常规操作。

②掌握利用全站仪进行距离测设及点位三维坐标的测设方法。

2)实训任务

(1)具体任务

①选择某点位作为测站点,熟练安置全站仪,另外选取一点作为后视点。

②设置一个测设距离,进行距离测设。

③已知测站点坐标 $O(5678.123, 2451.392, 100)$,再选择一点 B 作为已知后视点。OB 边的坐标方位角 $\alpha_{OB} = 221°37'45''$,放样点位 $P_1(5691.416, 2453.664, 101.123)$、$P_2(5694.524, 2456.002, 100.651)$、$P_3(5697.857, 2458.534, 100.486)$。

④量取仪器高度和棱镜高度。

⑤进行点位坐标放样,放样时输入以上已知量及仪器高和棱镜高。记录观测数据,完成实训报告内容上交。

⑥尽量让小组内每个成员都进行一遍。

(2)方法步骤

放样时可选择平距(HD),高差(VD)和斜距(SD)中的任意一种放样模式。

操作过程	操作	显示
①在距离测量模式下按 F4 (↓),进入第2页功能	F4	HR: 170°30'20" HD: 566.346 m VD: 89.678 m 测量 模式 S/A P1↓ 偏心 放样 m/f/i P2↓
②按 F2 (放样),显示出上次设置的数据	F2	放样 HD: 0.000 m 平距 高差 斜距 —
③通过按 F1—F3 选择测量模式; F1:平距,F2:高差,F3:斜距 例:水平距离	F1	放样 HD: 0.000 m 输入 — — 回车
④输入放样距离 350 m	F1 输入 350 F4	放样 HD: 350.000 m 输入 — — 回车

续表

操作过程	操 作	显 示
⑤照准目标(棱镜)测量开始,显示出测量距离与放样距离之差	照准 P	HR: 120°30′20″ dHD＊[r] ≪m VD: m 输入 — — 回车
⑥移动目标棱镜,直至距离差等于 0 m 为止		HR: 120°30′20″ dHD＊[r] 25.688 m VD: 2.876 m 测量 模式 S/A P1↓

提示:在进入点位放样目录前,同坐标测量模式相同,都需要进行测站点位的设置和后视方向的设置。

3)实训要求

(1)实训组织与分配

实训时间为 2 课时,随堂实训;每 4~6 人一组,选 1 名小组长,组长负责仪器的领取及交还。

(2)仪器与工具

每小组全站仪 1 台,棱镜 1 个,三脚架 2 个,棱镜对中杆 1 个,5 m 卷尺 1 把。

(3)注意事项

①在搬运仪器时,要提供合适的减震措施,以防止仪器受到突然的震动。

②在近距离将仪器和脚架一起搬动时,应保持仪器竖直向上。

③在保养物镜、目镜和棱镜时,使用干净的毛刷扫取灰尘,然后再用干净的绒棉布蘸酒精由透镜中心向外一圈圈地轻轻擦拭。

④应保持插头清洁、干燥,使用时要吹出插头的灰尘与其他细小物体。在测量过程中,若拔出插头,则可能丢失数据。拔出插头之前应先关机。

⑤在装卸电池时,必须关闭电源。

⑥仪器只能存放在干燥的室内。充电时周围温度应在 10~30 ℃。

⑦全站仪是精密贵重的测量仪器,要防日晒、防雨淋、防碰撞震动。严禁仪器直接照准太阳。

⑧操作前应仔细阅读本实训指导书并认真听老师讲解。不明白操作方法与步骤者不得操作仪器。

5.3 利用全站仪进行后方交会实训

1)实训目的

①熟练全站仪的操作。

②理解后方交会的原理。

③掌握利用全站仪进行交会定点(后方交会)的方法。

2)实训任务

(1)具体任务

①在地面上找 3 个地面点 A、B、C 三点坐标值为(100,100)、(100,90)、(90,90)。

注意:三点点位要用距离放样的方法准确放样。

②另外选取一点作为交会所定新点 O,新点距离 3 个地面点之间的距离要大于 10 m。

③在新点 O 上安置全站仪,选择后方交会程序,观测 A、B、C 三点以计算 O 点的坐标值。

(2)方法步骤

后方交会的观测如下:

①距离测量后方交会:测定 2 个或更多的已知点。

②角度测量后方交会:测定 3 个或更多的已知点。

角度和距离不能交叉使用。当使用角度进行测量时,已知点的方向应为顺时针或逆时针,并且相邻两点的夹角不能超过 180°。

测站点坐标按最小二乘法解算(当仅用角度测量作后方交会时,若只有观测 3 个已知点,则无需作最小二乘法计算)。

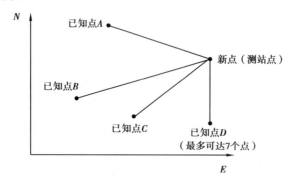

操作过程	操作	显示
①进入放样菜单1/2 按 F4 (P↓),进入放样菜单2/2	F4	放样　　　　　　　　1/2 F1:输入测站点 F2:输入后视点 F3:输入放样点　　　P↓ 放样　　　　　　　　2/2 F1:选择文件 F2:新点 F3:格网因子　　　　P↓

续表

操作过程	操 作	显 示
②按 F2（新点）	F2	新点 F1:极坐标法 F2:后方交会法
③按 F2（后方交会法）	F2	新点 点号:_____ 输入 查找 跳过 回车
④按 F1（输入），输入新点号，按 F4（ENT）	F1 输入点号 F4	仪高 输入 仪高: 0.000 m 输入 — — 回车
⑤按同样方法输入仪器高	F1 输入仪高 F4	N001# 点号:_____ 输入 调用 坐标 回车
⑥输入已知点 A 的点号	F1 输入点号 F4	镜高 输入 镜高: 0.000 m 输入 — — 回车
⑦输入棱镜高	F1 输入镜高 F4	镜高 镜高: 1.000 m >照准? ［角度］［距离］
⑧照准已知点 A,按 F3（角度）或 F4（距离）,如按下 F4（距离）	照准 F4	HR: 2°09′30″ HD * ［n］ < m VD: m >测量… <完成>
进入已知点 B 输入显示屏		N002# 点号:_____ 输入 调用 坐标 回车

续表

操作过程	操作	显　示
⑨按照⑥~⑧步骤对已知点 B 进行测量,当用 F4 (距离)测量两个已知点后残差即被计算	照准 F3	选择格网因子 F1:使用上次数据 F2:计算测量数据
⑩按 F1 或 F2 ,选定坐标格网因子,以便计算残差,如按 F1	F1	残差 dHD =　　　　　　0.120 m dZ =　　　　　　　0.003 m 下步　　—　　—　　计算
⑪按 F1 (下步),可对其他已知点进行测量,最多可达到 7 个点	F1	N003# 点号:_____ 输入　调用　坐标　回车
⑫按⑥~⑧步骤对已知点 C 进行测量		HR:　　　　　　2°09′30″ HD＊[n]　　　　　　＜m VD:　　　　　　　　　m ＞测量… ＜完成＞ HR:　　　　　　2°09′30″ HD:　　　　　12.451 m VD:　　　　　　2.244 m 下步　　—　　—　　计算
⑬按 F4 (计算),即显示标准偏差,单位:sec 或 mGON 或 mMIL	F4	标准差 dHD =　　　　　　0.120 m dZ =　　　　　　　0.003 m —　　↓　　—　　坐标
⑭按 F2 (↓),显示坐标值标准偏差,单位:mm 或 inch,按 F2 (↓)或(↑)可交替交换显示上述标准偏差	F2	SD(n) =　　　　　　0.120 m SD(e) =　　　　　　0.003 m SD(z) =　　　　　　0.033 m —　　↑　　—　　坐标
⑮按 F4 (坐标),显示新点坐标	F4	N:　　　　　　12.322 m E:　　　　　　34.286 m Z:　　　　　　1.577 2 m ＞记录 ?　　　[是][否]

续表

操作过程	操作	显示
⑯按 F3（是），新点坐标被存入坐标数据文件并将所计算的新点坐标作为测站点坐标 显示新点菜单。	F3	新点 F1:极坐标法 F2:后方交会法

3）实训要求

（1）实训组织与分配

实训时间为 2 课时,随堂实训;每 4～6 人一组,1 名小组长,组长负责仪器的领取及交还。

（2）仪器与工具

每小组全站仪 1 台,棱镜 1 个,三脚架 1 个,棱镜对中杆 1 个,5m 卷尺 1 把。

（3）注意事项

①在搬运仪器时,要提供合适的减震措施,以防止仪器受到突然的震动。

②在近距离将仪器和脚架一起搬动时,应保持仪器竖直向上。

③在保养物镜、目镜和棱镜时,使用干净的毛刷扫取灰尘,然后再用干净的绒棉布蘸酒精由透镜中心向外一圈圈地轻轻擦拭。

④应保持插头清洁、干燥,使用时要吹出插头的灰尘与其他细小物体。在测量过程中,若拔出插头,则可能丢失数据。拔出插头之前应先关机。

⑤在装卸电池时,必须关闭电源。

⑥仪器只能存放在干燥的室内。

⑦全站仪是精密贵重的测量仪器,要防日晒、防雨淋、防碰撞震动,严禁仪器直接照准太阳。

⑧操作前应仔细阅读本实训指导书并认真听老师讲解。不明白操作方法与步骤者不得操作仪器。

5.4　全站仪的对边观测实训

1）实训目的

①熟练全站仪的操作。

②理解对边观测的定义和原理。

③掌握利用全站仪进行对边观测的方法。

2）实训任务

（1）具体任务

①在地面上任意选取一个地面点作为测站点,再另外选取点 A、B、C 作为进行对边观测的 3 点。

②在测站点上安置全站仪,进入对边测量程序。

③通过观测 A、B、C 三点,分别计算出 AB 和 AC 的斜距(dSD)、平距(dHD)和高差(dVD)。

（2）方法步骤

测量 2 个目标棱镜之间的水平距离（dHD）、斜距（dSD）、高差（dVD）和水平角（HR）。也可直接输入坐标值或调用坐标数据文件进行计算。

对边测量模式有 2 个功能：

①MLM-1（A-B，A-C）：测量 A-B，A-C，A-D…

②MLM-2（A-B，B-C）：测量 A-B，B-C，C-D…

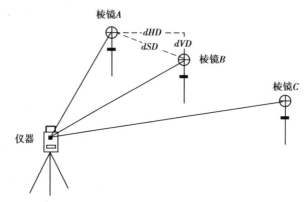

必须设置仪器的方向角。

例：MLM-1（A-B，A-C）。

MLM-2（A-B，B-C）模式的测量过程与 MLM-1 模式完成相同。

操作过程	操 作	显 示
①按 MENU，再按 F4（P↓），进入第 2 页菜单	MENU F4	菜单　　　　　2/3 F1：程序 F2：格网因子 F3：照明　　　P1↓
②按 F1，进入程序	F1	菜单　　　　　1/2 F1：悬高测量 F2：对边测量 F3：Z 坐标　　P1↓
③按 F2（对边测量）	F2	对边测量 F1：使用文件 F2：不使用文件
④按 F1 或 F2，选择是否使用坐标文件 （例：F2 不使用坐标文件）	F2	格网因子 F1：使用格网因子 F2：不使用格网因子

续表

操作过程	操作	显示
⑤按 F1 或 F2 ,选择是否使用坐标格网因子	F2	对边测量 F1:MLM-1(A-B,A-C) F2:MLM-2(A-B,B-C)
⑥按 F1	F1	MLM-1(A-B,A-C) <第一步> HD:　　　　　　　m 测量　镜高　坐标　设置
⑦照准棱镜 A ,按 F1 (测量)显示仪器至棱镜 A 之间的平距(HD)	照准 A F1	MLM-1(A-B,A-C) <第一步> HD*[n]　　　　<<m 测量　镜高　坐标　设置 MLM-1(A-B,A-C) <第一步> HD*　　　287.882 m 测量　镜高　坐标　设置
⑧测量完毕,棱镜的位置被确定	F4	MLM-1(A-B,A-C) <第二步> HD:　　　　　　m 测量　镜高　坐标　设置
⑨照准棱镜 B ,按 F1 (测量)显示仪器到棱镜 B 的平距(HD)	照准 B F1	MLM-1(A-B,A-C) <第二步> HD*　　　　　<<m 测量　镜高　坐标　设置 MLM-1(A-B,A-C) <第二步> HD*　　　223.846 m 测量　镜高　坐标　设置
⑩测量完毕,显示棱镜 A 与 B 之间的平距(dHD)和高差(dVD)	F4	MLM-1(A-B,A-C) dHD:　　　　21.416 m dVD:　　　　1.256 m —　　—　平距　—

续表

操作过程	操 作	显 示
⑪按 ◢，可显示斜距(dSD)	◢	MLM-1（A-B，A-C） dSD: 263.376 m HR: 10°09′30″ — — 平距 —
⑫测量 A 与 C 之间的距离，按 F3（平距） *	F3	MLM-1（A-B，A-C） ＜第二步＞ HD: m 测量 镜高 坐标 设置
⑬照准棱镜 C，按 F1（测量）显示仪器到棱镜 C 的平距(HD)	照准棱镜 C F1	MLM-1（A-B，A-C） ＜第二步＞ HD: ＜＜m 测量 镜高 坐标 设置
⑭测量完毕，显示棱镜 A 与 C 之间的平距(dHD)，高差(dVD)	F4	MLM-1（A-B，A-C） dHD: 3.846 m dVD: 12.256 m — — 平距 —
⑮测量 A 与 D 之间的距离，重复操作步骤⑫—⑭ *		
* 按 ESC，可返回到上一个模式。		

5.5 全站仪的面积测量实训

1) 实训目的

①熟练全站仪的操作。

②理解面积量算的原理。

③掌握利用全站仪进行面积和周长测量的方法。

2) 实训任务

(1) 具体任务

①在地面上寻找一点作为测站点，另外选取至少 3 个地面点位作为面积测量的观测点。

注意：观测点数要≥3 个，至少 3 点才能构成闭合区域。

②在测站点安置全站仪，选择面积测量程序。

③依次观测目标点，计算目标点所围区域的面积和周长。

（2）方法步骤

该模式用于计算闭合图形的面积,面积计算有2种方法:a.用坐标数据文件计算面积;b.用测量数据计算面积。

注意:

● 如果图形边界线相互交叉,则面积不能正确计算。

● 混合坐标文件数据和测量数据来计算面积是不可能的。

● 面积计算所用的点数是没有限制的。

● 所计算的面积不能超过 200 000 mm^2 或 2 000 000 ft^2。

①用坐标数据文件计算面积。

操作过程	操 作	显 示
①按 MENU,再按 F4 (P↓)显示主菜单2/3	MENU F4	菜单　　　　　　2/3 F1:程序 F2:格网因子 F3:照明　　　P1↓
②按 F1,进入程序	F1	程序　　　　　　1/2 F1:悬高测量 F2:对边测量 F3:Z 坐标　　P1↓
③按 F4 (P1↓)	F4	程序　　　　　　2/2 F1:面积 F2:点到线测量 P1↓
④按 F1 (面积)	F1	面积 F1:文件数据 F2:测量
⑤按 F1 (文件数据)	F1	选择文件 FN:_____ 输入　调用　—　回车
⑥按 F1 (输入),输入文件名后,按 F4 确认,显示初始面积计算屏	F1 输入 FN F4	面积　　　　0 000 　　　　　　m. sq 下点:DATA-01 点号　调用　单位　下点

续表

操作过程	操作	显示
⑦按 F4 （下点）*文件中第1个点号数据（DATA-01）被设置，第2个点号即被显示	F4	面积　　　0 000　　　　　　　m. sq　下点：DATA-02　点号　调用　单位　下点
⑧重复按 F4 （下点），设置所需要的点号，当设置3个点以上时，这些点所包围的面积就被计算，结果显示在屏幕上	F4	面积　　　0 000　　　　　　　156.144m. sq　下点：DATA-12　点号　调用　单位　下点
∗按 F1 （点号），可设置所需的点号。∗按 F2 （调用），可显示坐标文件中的数据表。		

②用测量数据计算面积。

操作过程	操作	显示
①按 MENU ，再按 F4 （P↓）显示主菜单2/3	MENU　F4	菜单　　　　　2/3　F1：程序　F2：格网因子　F3：照明　　　P1↓
②按 F1 ，进入程序	F1	程序　　　　　1/2　F1：悬高测量　F2：对边测量　F3：Z坐标　　　P1↓
③按 F4 （P1↓）	F4	程序　　　　　2/2　F1：面积　F2：点到线测量　P1↓
④按 F1 （面积）	F1	面积　F1：文件数据　F2：测量
⑤按 F2 （测量）	F2	面积　F1：使用格网因子　F2：不使用格网因子

续表

操作过程	操 作	显 示
⑥按 F1 或 F2，选择是否使用坐标格网因子。如选择 F2 不使用格网因子	F2	面积　　　　　　0 000 　　　　　　　　　m. sq 测量　—　单位　—
⑦照准棱镜，按 F1 （测量），进行测量*	照准 P F1	N * [n]　　　<<m E:　　　　　　　m Z:　　　　　　　m >测量…
⑧照准下一个点，按 F1 （测量），测 3 个点以后显示出面积	照准 F1	面积　　　　　　0 003 　　　　11. 144 m. sq 测量　—　单位　—
* 仪器处于 N 次测量模式。		

* 显示单位的更换

可以变换面积显示单位。

操作过程	操 作	显 示
		面积　　　　　　0 003 　　　　100.000 m. sq 测量　—　单位　—
①按 F3 （单位）	F2	面积　　　　　　0 003 　　　　100.000 m. sq m. sq　ha　ft. sq　acre
②按 F1 — F4 可选择一种面积单位，如按 F2 （ha）	F2	面积　　　　　　0 003 　　　　　0.010 ha 测量　—　单位　—
* m. sq:平方米　　ha:公顷　　ft. sq:平方英尺　acre:英亩		

5.6 全站仪悬高测量实训

1)实训目的

①熟练全站仪的操作。

②理解悬高测量的意义和原理。

③掌握利用全站仪进行悬高测量的方法。

2)实训任务

(1)具体任务

①选定学校教学楼、图书馆或办公楼任一楼角作为悬高观测的目标 K。要求:选定的点位所在铅垂线上的地面点 G 可以安置棱镜。

②在适当位置安置全站仪,选择悬高测量模式。

③在选定点位所在铅垂线上的地面点上安置棱镜。

④利用全站仪观测棱镜 P 后,再观测目标点位 K,计算出目标高度。

(2)方法步骤

为了得到不能放置棱镜的目标点高度,只须将棱镜架设于目标点所在铅垂线上的任一点,然后进行悬高测量。

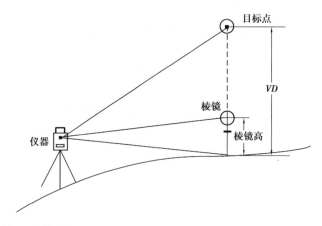

①有棱镜高(h)输入的情形($h = 1.3$ m)。

操作过程	操作	显示
①按 MENU ,再按 F4 (P↓),进入第2页菜单	MENU F4	菜单　　　　2/3 F1:程序 F2:格网因子 F3:照明　　 P1↓

操作过程	操 作	显 示
②按 F1，进入程序	F1	程序　　　　　　　　1/2 F1：悬高测量 F2：对边测量 F3：Z 坐标
③按 F1（悬高测量）	F1	悬高测量 F1：输入镜高 F2：无需镜高
④按 F1	F1	悬高测量-1 ＜第一步＞ 镜高：　　　　　　0.000 m 输入　　—　　　—　　回车
⑤输入棱镜高[1]	F1 输入棱镜高1.3 F4	悬高测量-1 ＜第二步＞ HD：　　　　　　　　　　m 测量　　—　　　—　　设置
⑥照准棱镜	照准 P	悬高测量-1 ＜第二步＞ HD＊　　　　　　　＜＜ m 测量
⑦按 F1（测量），测量开始显示仪器至棱镜之间的水平距离（HD）[2]	F1	悬高测量-1 ＜第二步＞ HD＊　　　　123.342 m 测量　　　　　　　　设置
⑧测量完毕，棱镜的位置被确定	F4	悬高测量-1 VD：　　　　　　3.435 m —　　镜高　　平距　　—
⑨照准目标 K，显示垂直距离（VD）[3]	照准 K	悬高测量-1 VD：　　　　　24.287 m —　　镜高　　平距　　—

续表

操作过程	操 作	显 示
1.参阅"字母数字的输入方法"。 2.按 F2 (镜高),返回步骤⑤,按 F3 (平距),返回步骤⑥。 3.按 ESC ,返回程序菜单。		

②没有棱镜高输入的情形。

操作过程	操 作	显 示
①按 MENU ,再按 F4 ,进入第2页菜单	MENU F4	菜单　　　　　　2/3 F1:程序 F2:格网因子 F3:照明　　P1↓
②按 F1 ,进入特殊测量程序	F1	菜单 F1:悬高测量 F2:对边测量 F3:Z坐标
③按 F1 ,进入悬高测量	F1	悬高测量　　　　1/2 F1:输入镜高 F2:无需镜高
④按 F2 ,选择无棱镜模式	F2	悬高测量-2 <第一步> HD:　　　　　m 测量　—　—　设置
⑤照准棱镜	照准 P	悬高测量-2 <第一步> HD *　　　　<<m 测量　—　—　设置
⑥按 F1 (测量)测量开始显示仪器至棱镜之间的水平距离	F1	悬高测量-2 <第一步> HD *　　287.567 m 测量　—　—

续表

操作过程	操作	显示
⑦测量完毕,棱镜的位置被确定	F4	悬高测量-2 <第二步> V: 80°09′30″ — — — 设置
⑧照准地面点 G	照准 G	悬高测量-2 <第二步> V: 122°09′30″ — — — 设置
⑨按 F4（设置）,G 点的位置即被确定[1]	F4	悬高测量-2 VD: 0.000 m — 垂直角 平距 —
⑩照准目标点 K 显示高差（VD）[2]	照准 K	悬高测量-2 VD: 10.224 m — 垂直角 平距 —

1. 按 F3（HD）,返回步骤⑤,按 F2（V）,返回步骤⑧。
2. 按 ESC,返回程序菜单。

练习题

一、选择题

1. 全站仪的安置操作包括( )。

　A. 对中　　　　　B. 对中和整平　　　　C. 整平　　　　　D. 对中、整平、瞄准

2. 转动目镜调焦螺旋的目的是( )。

　A. 看清近处目标　　B. 看清远处目标　　C. 消除视差　　　D. 看清十字丝

3. 在瞄准目标时,消除视差的方法是( )使十字丝和目标影像清晰。

　A. 转动物镜对先螺旋　　　　　　　B. 转动目镜对光螺旋

　C. 反复交替调节目镜及物镜对光螺旋　　D. 让眼睛休息一下

4. 在用测回法进行水平角观测时,照准部旋转的顺序是( )。

　A. 左顺右逆　　B. 左逆右顺　　　C. 左顺右顶　　　D. 左顶右顺

5. 在进行坐标测量的过程中,需要进行操作有( )。

　A. 设站、测量　　B. 设站、后视　　C. 设站、后视、测量　D. 没有正确答案

6. 在进行坐标测量的过程中,设置后视方向的目的是( )。

　A. 确定坐标轴刻划大小　　　　　　B. 确定坐标轴指向

　C. 确定坐标原点位置　　　　　　　D. B 和 C

项目 6 GPS 的应用

GPS 作为新一代的卫星导航定位系统,已发展成为一种被广泛采用的系统。目前,它在航空、航天、军事、交通、运输、通信、气象等几乎所有的领域中,都被作为一项非常重要的技术手段和方法,用来进行导航、定时、定位、地球物理参数测定和大气物理参数测定等。作为较早采用GPS 技术的领域,在测量中,GPS 最初主要用于高精度大地测量和控制测量,建立各种类型和等级的测量控制网。现在,GPS 除了继续在这些领域发挥重要作用外,还在测量领域的其他方面得到充分的应用,如用于各种类型的施工放样、测图、变形观测和地理信息系统中地理数据的采集等。尤其是在测量控制网的建立,GPS 基本取代了常规的测量手段,成为主要的技术手段。

6.1 GPS-RTK 动态观测

1)实训目的

①掌握常规设置和基本操作。

②熟悉 GPS 动态观测功能。

2)实训工具

GPS 接收机 2 台,三脚架 1 个,GPS 手簿 1 台,GPS 专用对中杆 1 根,记录板 1 块。

3)实训内容

①GPS 静态观测的基本操作与使用。

②实训课时为 4 学时。

4)实训步骤(以上海华测为例)

(1)基准站设置

将基准站主机以及电台、高增益天线架设完毕并开机,打开手簿电源。双击 ▦→配置→手簿端口配置→配置→搜索,搜索完毕后点击基准站 sn 号码→绑定→确定→确定。弹出以图6.1 界面后说明蓝牙已连接。

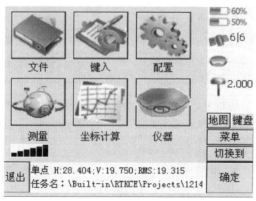

图 6.1

点击退出→确定,回到开机界面,双击 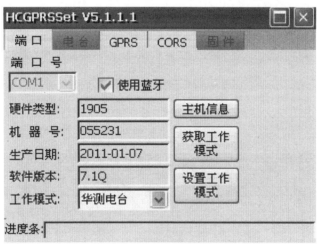,用蓝牙打勾→打开端口,将参数设置成如图6.2
界面,点击应用→OK,然后关闭图6.2窗口。

图6.2

双击 ,使用蓝牙打勾,点击主机信息,等下边进度条闪过,然后将工作模式改为华测电台,点击设置工作模式,等下边进度条闪过,说明设置成功。关闭图6.3窗口,此时基准站已设置成功。

图6.3

(2)移动站设置

双击 →配置→手簿端口配置→配置→搜索→点击移动站的 sn 号码→绑定→确定→确定,手簿弹出图6.4界面,说明蓝牙已连接。此时将基准站主机重新启动。

点击退出→确定,回到开机界面。双击 ,用蓝牙打勾→打开端口,将参数设置成如图6.5界面,点击应用,然后关闭图6.5窗口。

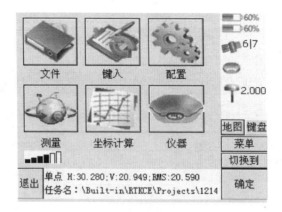

图 6.4

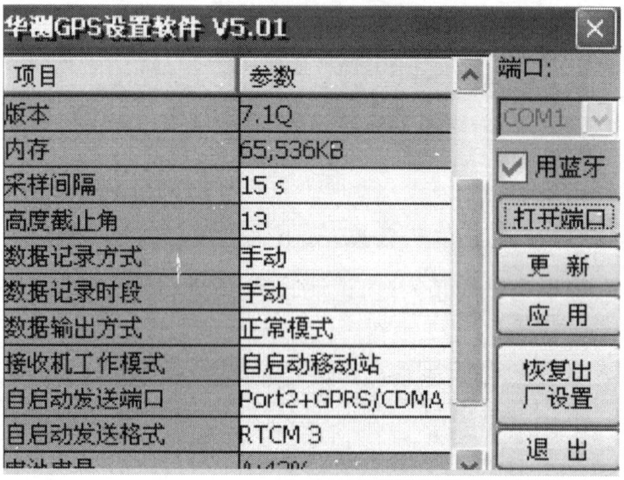

图 6.5

双击 ![icon] ,用蓝牙打勾,点击主机信息,等下边进度条闪过,将工作模式改为华测电台,点击设置工作模式,等下边进度条闪过,如图 6.6 所示。

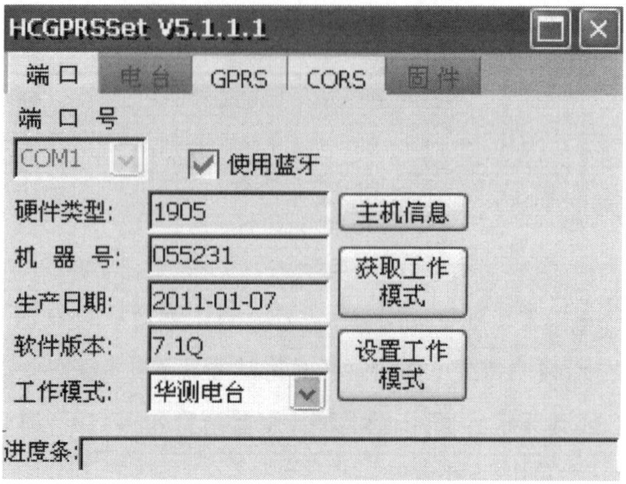

图 6.6

点击电台选项(图6.7),将当前频率设置的和电台一致,点击设置频率,等下边进度条闪过,关闭此窗口。

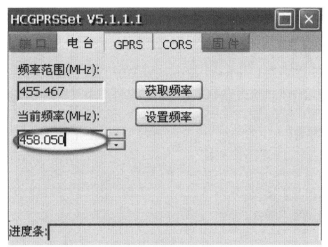

图6.7

双击 →配置→移动站参数→移动站选项,将广播格式改为RTCM3.0,点击接受(图6.8),点击测量→启动移动站接收机,稍等,手簿上即会显示固定解。

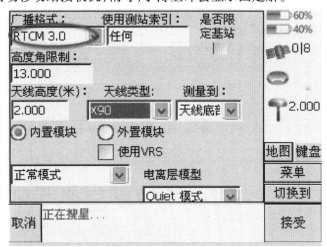

图6.8

(3)开始作业

①建立项目。点击文件→新建任务,输入任务名称→选择项目需要的坐标系统→接受,输入项目区域的中央子午线,水平平差和垂直平差都不打勾→确定,回到开机界面。

②点校正。点击键入→点,依次输入控制点坐标,控制点打勾,点击保存,输入完毕后点击取消。

点击测量→测量点,依次测量输入过的控制点,一般是测区两端的两个点即可。

点击测量→点校正→增加→网格点名称选择输入的测区一端的控制点,GPS点名称里选择测量的测区一端的控制点,点击确定,增加第二组坐标。添加完毕后点击计算→确定→确定→

确定,就可以进行碎部测量或是点放样了。

(4)坐标导出

双击 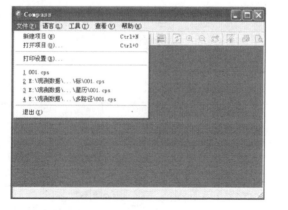→文件→导出→点坐标导出→输入导出的文件名→导出文件类型选择 CASS 格式→接受,文件成功导出。

将手簿连到装有同步软件(Microsoft ActiveSync)的电脑,连接成功后点击浏览→Built-in→RTKCE→Projects→双击作业的文件名→找到导出的文件名→复制到电脑即可。

6.2 GPS 静态观测

1)实训目的

①掌握常规设置和基本操作。

②熟悉 GPS 静态观测功能。

2)实训工具

GPS 接收机 4 台,三脚架 4 个,木桩 3 个,斧头 1 把,记录板 1 块。

3)实训内容

①GPS 静态观测的基本操作与使用。

②实训课时为 4 学时。

4)实训步骤(以上海华测为例)

①把 GPS 接收机架设在 4 个点位上,其中 1 台接收机架设在已知点上;

②将 4 台仪器进行对中、整平;

③打开接受,进入静态观测模式;

④每个点观测 40 min 到 1 h 之间,然后关机,收回仪器,观测结束。

5)静态解算

(1)任务的建立

打开电脑,依次点击开始→程序→南方静态处理→静态处理软件或者直接打开桌面上的快捷方式。

图 6.9

注意:首先把下载下来的数据统一放到一个文件夹下面,新建任务时直接选择此文件夹,并注意选择相应的坐标系统。

(2)坐标系统的建立

新建任务时,虽然坐标系统已经选定,但对于中央子午线或者是投影高等可能需要相应的改动或新建。点击工具→坐标系管理,如下图操作:

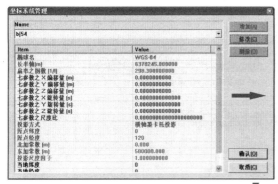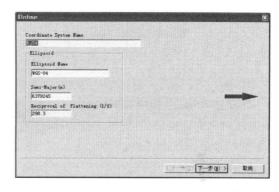

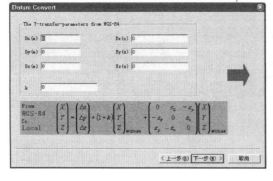

图 6.10

（3）数据的导入

项目建完后，开始加载 GPS 数据观测文件。选择文件→导入，Compass 可以导入下图多种格式的数据。

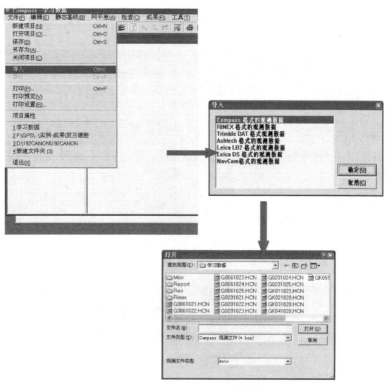

图 6.11

（4）数据检查

数据导入后，检查相应点的点名、仪器高、天线类型等，对于有问题的数据要及时更改。

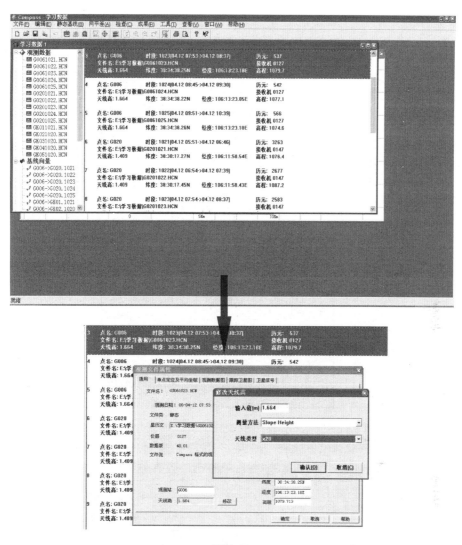

图 6.12

（5）基线处理

数据检查没有问题之后,点击静态基线→处理全部基线。

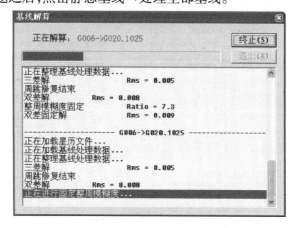

图 6.13

（6）网平差

①已知点输入。在观测站点里：右击属性，点击已知点坐标，选择固定方式，如 XY。

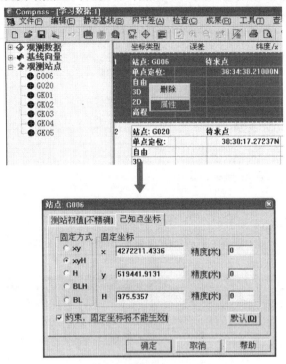

图 6.14

②网平差设置。根据具体情况选择三维平差、二维平差、水准高程拟合。

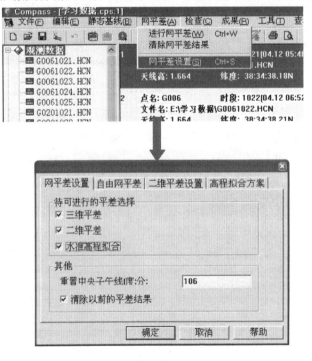

图 6.15

③网平差。在网平差里点击进行网平差,就会弹出下图窗口,点击确定,然后点击成果→成果报告,查看平差成果,平差报告会以网页的形式打开。

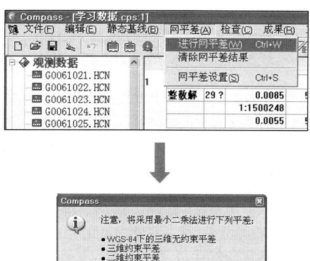

图 6.16

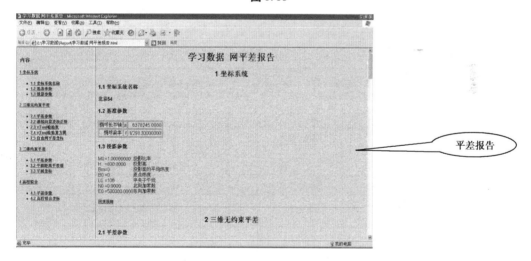

图 6.17

模块 3　综合实训

综合实训是根据建筑工程技术专业人才培养方案,对学生进行综合能力培养的主要实践性教学环节,也是学生应用所学的专业知识,分析解决工程实际问题的综合性训练。

1) 实训目的

其目的是通过本次系统化的技能训练,培养学生以下能力和素质:

①能根据测区具体情况布设、施测和计算简单的附合(或闭合)导线;

②能根据测区具体情况布设、施测和计算简单的附合(或闭合)水准路线;

③能根据建筑施工图纸利用电子全站仪进行建筑物的定位;

④能利用水准仪进行建筑物的抄平;

⑤能利用激光垂准仪进行建筑物的轴线投测和使用电子全站仪进行轴线垂直度检查;

⑥培养学生独立分析问题、解决问题的能力;

⑦培养学生严肃认真、实事求是、一丝不苟的实践科学态度;

⑧培养吃苦耐劳、爱护仪器工具、互相协作的职业道德。

2) 实训任务

【测区概况】待测的建筑物在学院学生 1#宿舍楼的南面空旷区域,附近有 2 个控制点,其施工图、坐标和高程见下表。

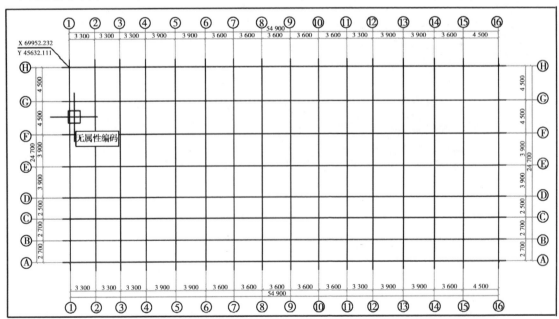

序　号	X坐标/m	Y坐标/m	H高程/m	备　注
1	64 653.089	45 032.111	155.632	控制点
2	52 266.640	45 032.111	163.258	控制点
3	69 952.232	45 632.111	160.000	待定点（±0.000）
4	69 952.232	100 532.111	160.000	待定点（±0.000）
5	45 652.232	100 532.111	160.000	待定点（±0.000）
6	45 652.232	45 632.111	160.000	待定点（±0.000）

注：此施工图和坐标高程表均为示意数据，实训数据以施工图为准。

（1）建立平面控制

根据建筑物定位的需要和已知控制点分布情况，布设一条附合（或闭合）导线，并进行外业选点、测量和计算出导线点的坐标。

（2）建立高程控制

根据建筑物抄平的需要和已知控制点的分布情况，布设一条附合（或闭合）水准路线，并进行外业选点、测量和计算出水准点的高程。

（3）建筑物定位

根据设计图纸，把建筑物轴线点在地面上标定出来。

（4）建筑物抄平

根据建筑物的设计高程，标出建筑物部分点的高程。

（5）定位放线检查

两小组之间对控制测量的数据、建筑物定位和抄平的定位桩进行检查，并填写检查表。

（6）建筑物轴线投测和轴线垂直度检查

使用激光垂准仪对建筑物的轴线从一层投测到三层以上；使用全站仪对建筑物的垂直度进行检查。

3）技术要求

（1）平面控制测量

每组根据图纸和已知控制点分布，对测区进行踏勘，并布设一条闭合（或附合）导线以便于建筑物的定位。

①自选导线点个数不少于5个；

②导线点选在宜于保存和便于观测的地方，并做好标记；

③角度使用 DJ_6 光学经纬仪测量一测回，上下半测回不超过 ±40″；

④边长使用全站仪测量一测回，测2次读数，读数差不超过 ±5 mm；

⑤计算导线精度要求：角度闭合差不超过 ±40 $\sqrt{n}″$（n 为测角个数）；全长闭合差不超过1/3 000。

（2）高程控制测量

每组根据图纸和已知控制点分布，布设一条闭合（或附合）水准路线，以便于建筑物的抄平。

①自选水准点个数不少于 3 个,可用导线点作为水准点;

②测量使用 DS_3 自动安平水准仪按四等水准测量的要求进行,具体要求如下:

a. 每段测偶数站;

b. 视距差 $d \le \pm 5$ m,累计差 $\sum d \le \pm 10$ m;

c. 路线闭合差不超过 $\pm 6\sqrt{n}$(mm)(n 为测站数)。

（3）建筑物定位

根据导线点、设计点的坐标使用全站仪进行放样,根据建筑物的几何关系进行角度和距离放样,在地面上标定出建筑物的所有定位点:①点位放样精度 $\le \pm 5$ cm;②距离放样精度不低于 $1/5\ 000$。

（4）建筑物的抄平

根据水准点、设计点的高程使用水准仪进行高程测设,并标定出建筑物标高 ± 0.000 m 的位置,高程测设精度 $\le \pm 2$ cm。

（5）建筑物定位、抄平检查

两小组之间对调检查,检查的内容为导线点、水准点、建筑物的定位点和抄平位置。

①抽查导线点不少于 3 个,检查所有定位点,检查坐标与测量时坐标点位误差 $m \le \pm 5$ cm 或检查距离 $\le \pm 2$ cm 和角度 $\le \pm 30''$;

②抽查水准点不少于 2 个,检查所有抄平点,检查高程与测量高程点或抄平高程误差;

③如实填写检查表格。

（6）轴线投测和垂直度检查

①使用激光垂准仪把一层某点投测到某一层上,熟练掌握激光垂准仪的使用;

②使用电子全站仪对某一宿舍楼的转角点的垂直度进行检查,检查转角不少于 4 个。

4）实训组织

①实训期间的组织工作,由实训指导教师负责;

②实训工作按小组进行,每组 6~8 人,选组长 1 个,负责组内实训分工和仪器管理工作。

5）实训时间安排

序　　号	实训内容	时间安排	备　　注
1	实训动员、仪器领取、实地踏勘、任务研究	0.5 天	做好实训前的准备工作,领取仪器并检查,对实训任务进行讨论研究并制订测量计划
2	导线测量外业	2.0 天	导线选点、角度测量、距离测量
3	水准测量外业	1.5 天	水准路线选点、四等水准测量
4	内业计算	1.0 天	导线计算、水准路线计算
5	建筑物定位	1.5 天	使用全站仪进行点位测设、角度测设和距离测设
6	建筑物抄平	0.5 天	标出建筑物 ± 0.000 m
7	建筑物定位、抄平检查	1.0 天	导线点检查、定位点检查、水准点检查、标高检查

续表

序 号	实训内容	时间安排	备 注
8	轴线投测和垂直度检查	1.0 天	激光垂准仪进行轴线投测和使用电子全站仪进行垂直度检查
9	资料整理,撰写报告	1.0 天	外业测量数据整理,内业计算数据整理,实训报告撰写

6)每组配备仪器和工具

电子全站仪 1 套(主机 1 台,三脚架 1 个,棱镜 1 个,镜杆 1 个),经纬仪 1 台,水准仪 1 台,水准尺 1 对(两根),木桩若干,小钢钉若干,锤头 1 把,照准支架 2 个。

7)实训注意事项

①组长要切实负责,合理安排,使每个人都有练习机会;组员之间要团结协作,密切配合,以确保实习任务顺利完成。

②每项测量工作完成后应及时检核,原始数据、资料应妥善保存。

③测量仪器和工具要轻拿轻放,爱护测量仪器,禁止坐在仪器箱和工具上。

④时刻注意人身和仪器安全,仪器损坏和丢失要立即报告实训指导教师,并按损坏程度进行维修和赔偿。

⑤点位禁止选在道路中间,测量时禁止在道路中间,尽量选在安全的地方。

⑥实训期间,要遵守学院的规章制度和国家法律法规,一经违犯取消实训资格,实训成绩按零分计。

⑦实训期间,要注意校园环境,禁止乱扔垃圾,禁止在墙壁、道路、线杆、路面等物体上乱画,一经发现取消实训资格,实训成绩按零分计。

8)编写实习报告

实习报告要在实习期间编写,实习结束时上交。内容包括:

①封皮——实训名称、实训地点、实训时间、班级名称、组名、姓名;

②前言——实训的目的、任务和技术要求;

③内容——实训的项目、程序、测量的方法、精度要求和计算成果;

④结束语——实训的心得体会、意见和建议;

⑤附属资料——观测记录、检查记录和计算数据。

9)成果提交

实训报告 1 本,其附属资料应包括如下内容:

①水平角观测记录;

②水平距离观测记录;

③四等水准观测记录;

④建筑物的定位和抄平记录;

⑤检查记录表格;

⑥轴线投测和垂直度检查记录。

⑦导线计算表；

⑧水准路线计算表。

10) 成绩评定

①损坏仪器和财物。故意或严重损坏测量仪器和学院公共财产者，无实训成绩。

②违反规定。违反学院规章制度或国家法律法规者，无实训成绩。

③考勤。不论任何原因有 1/4 时间不参加实训者（迟到、旷课和早退各算 1 次），无实训成绩。

④态度。在实训场地聊天、看小说、发短信、看电影、听音乐、打游戏等多次做与实训无关的事情或顶撞指导教师者，无实训成绩。

⑤实训期间，某项目结束后，指导教师现场随机抽查已完成的项目，不能独立完成者，无实训成绩。

⑥实训报告。大篇幅抄袭、无测量记录数据、无计算表格、报告撰写不认真者，无实训成绩。

项目 7　水准测量综合实训

7.1　建筑工程水准测量实例

建筑工程测量在建筑工程建设施工过程中具有重要意义和作用。其中水准测量贯穿了建筑施工测量的始终,确保建筑物施工质量,保证建筑物的安全运行及使用。

1) 测量实例

【实例7.1】某商住楼工程测量施工方案

目录

1. 工程概况

2. 测量准备

3. 建筑物的定位和轴线控制桩的测设

(1) 建筑物的定位

(2) 建筑物轴线控制桩的布设

4. 现场施工水准点的建立

5. ±0.000 以下施工测量

(1) 平面放样测量

(2) ±0.000 以下结构施工中的标高控制

6. ±0.000 以上施工测量

(1) ±0.000 以上各楼层的平面控制测量

(2) ±0.000 以上楼层的轴线具体投测方法

7. 建筑物的沉降观测

(1) 沉降观测点的设置

(2) 沉降观测点的测量

8. 工程测量人员组织及设备配置

(1) 人员组织

(2) 设备配置

9. 施工测量质保措施

10. 附图

【思考】

(1) 如何完成现场施工水准点的建立?

(2) ±0.000 以下结构施工中的标高控制如何完成?

(3) ±0.000 以上各楼层的平面控制测量如何完成?

(4) 建筑物的沉降观测如何操作?

通过对水准测量实训项目的学习,不但可以掌握水准测量原理、普通水准测量施测方法、水准仪的使用及检验、高程传递、测设已知高程等水准测量相关实训,还可以通过对水准测量的理解和运用,进一步解决整个施工测量过程中的水准测量工作任务。

【实例7.2】现场施工水准点的建立

本工程现场施工水准点的引测依据为业主和测绘部门指定的控制点(如许昌市毓秀路国家水准点,如图7.1所示)。我方将采用指定控制点向施工现场内引测施工水准点(±0.000的标高),图7.1为国家水准点。为保证建筑物竖向施工的精度要求及观测的方便,在现场内布设4个施工水准点。水准点布设在通视良好的位置,距离基坑边线大致为10~20 m,可与建筑物某些轴线控制点在同一位置设置并进行保护,初步定出4个水准点,分别是1、2、3、BM_A,布设成闭合水准路线,其闭合差不应超过$f_h = 6\sqrt{n}$(n为测站数)或$f_h = 20\sqrt{L}$(L为测线长度,以km为单位),图7.2为闭合水准路线布设形式。

图7.1 国家水准点

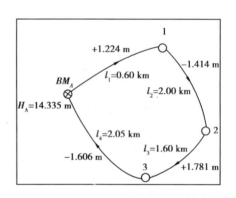

图7.2 闭合水准路线布设形式

【案例分析】

本例简介了引测施工水准点(±0.000的标高)的工作内容,要完成此项工作需要掌握水准测量相关知识。

①在引测施工水准点(±0.000的标高)时,需要掌握水准测量的方法,学会使用水准仪及其操作。

②需要掌握水准点的选取、水准路线的布设及其内业的计算方法,并满足相应的精度要求。

③掌握测设已知高程的方法。由此掌握引测施工水准点(±0.000的标高),并建立施工现场高程控制网。

【实例7.3】±0.000以下结构施工中的标高控制

①高程控制点的联测。在向基坑内引测标高时,首先联测地面标高控制点,经联测确认无误后,方可向基坑内引测所需的标高,如图7.3所示。

②±0.000以下标高的施测。为保证竖向控制的精度,对所需的标高临时控制点即水平桩(又称为腰桩)必须正确投测,腰桩的距离一般从角点开始每隔3~5 m测设一个,比基坑底设计标高高出±0.3~0.5 m,并相互校核,校差控制在≤3 mm即满足要求。

③基础结构模板支好后,用水准仪在模板内壁定出基础面设计标高线控制混凝土浇筑。拆模后,在结构立面抄测结构1 m线。

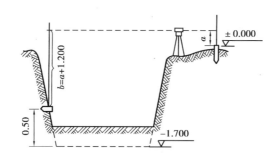

图 7.3 向基坑内引测所需的标高

【案例分析】

本例中主要介绍了根据已知高程控制点,采用高程传递的方法,向基坑引测标高控制点,以此控制竖向标高,保证施工质量。要完成此项工作,要求学生具有进行高程传递的操作能力。

本例还简介了在结构立面抄测结构 1 m 线,目的是作为 ± 0.000 以上各楼层高程控制测量的基准。要完成此项工作,需要学生掌握测设已知高程的方法及多种高程传递的方法。

【实例 7.4】 ± 0.000 以上各楼层高程控制测量

①首层标高基准点联测。由于地下部分在结构上承受荷载后会有沉降的因素,为了保证地上部分的标高及楼层的净高要求,首层标高的 +1.000 m 线由现场引测的水准点在两个楼体上(主楼和裙楼)分别抄测标高控制点,作为地上部分高程传递的依据,避免两楼结构的不均匀沉降造成对标高的影响。

②楼层高程传递方法。利用水准仪、塔尺和 50 m 钢尺,依次将标高由激光洞口传递至待测楼层,并计算得到该楼层的仪器的视线标高,同时依此制作本楼层统一的标高基准点。

③标高的竖向传递要求。应从首层起始标高线竖立量取,且每栋建筑应由 3 处分别向上传递。当 3 个点的标高差值小于 3 mm 时,应取其平均值;否则应重新引测。标高的竖向传递允许偏差应符合表 7.1 所示的规定。

表 7.1 标高竖向传递允许误差

项 目	允许偏差(mm)
每层	±3
总高	
$H \leqslant 30$	±5
$30 < H \leqslant 60$	±10
$60 < H \leqslant 90$	±15

【案例分析】

本例中详细介绍了采用高程传递的方法,完成 ± 0.000 以上首层及各楼层高程控制测量。要完成此项工作,要求学生理解高程传递中计算公式的意义及竖向传递过程中精度的要求。

【实例 7.5】建筑物的沉降观测

根据规范规定,对于 20 层以上或造型复杂的 14 层以上的建筑物,应进行沉降观测,并应符合现行行业标准《建筑变形测量规程》(JGJ/T8)的有关规定。沉降观测的方法及要求如下:

(1)沉降观测点的设立

为了能够全面反映建筑物地基变形特征并结合地质情况及建筑物结构特点,确定在建筑物的各轴线交点的混凝土柱上设置沉降观测点。

(2)沉降观测点的测量

首先,建筑物施工阶段的观测应随施工进度及时进行,地下室封顶后观测 1 次,以上部分每增加 3 层观测 1 次。如果在施工过程中出现暂时停工,在停工时及重新开工时各观测 1 次,停工期间,可每隔 2 个月观测 1 次。在施工过程中,如果出现长时间连续降雨、基础四周大量积水等情况应增加观测次数。当建筑物突然发生大量沉降、不均匀沉降或严重裂缝时,应立即进入逐日观测或几天 1 次连续观测。

其次,建筑物使用阶段的观测,第一年观测 3 ~ 4 次,第二年观测 2 ~ 3 次,第三年后每年观测 1 次,且至稳定为止。沉降是否进入稳定阶段,应由沉降量与时间关系曲线判定。若沉降速度小于 0.01 ~ 0.04 mm/d,可以认为已进入稳定阶段。

另外,对于高层建筑的沉降观测,应采用 DS1 精密水准仪用 Ⅱ 等水准测量方法往返观测,其误差不应超过 $\pm 0.5 \sqrt{n}$(n 为测战数)或 $\pm 1.4 \sqrt{L}$(L 为千米数)。为了保证观测精度,观测时视线长度一般 ≤50 m,前后视距要尽量相等,可用皮尺丈量。观测时先后视水准点,再依次前视各观测点,最后应再次后视水准点,前后两个后视读数之差不应超过 ±1 mm。

【案例分析】

本例中介绍了建筑物沉降观测的方法及要求。建筑物沉降观测主要采用水准测量的方法往返观测,观测建筑物的沉降情况。由此保证施工正常进行及确保建筑物安全使用。要完成此项工作,要求学生熟练掌握:①观测点和水准点的布设;②水准测量、水准路线布设;③沉降观测记录表的统计。

2)分析水准测量工作项目

从以上的材料可知,测量工作在整个建筑工程建设过程中起着重要的作用。下面对测量工作项目进行分析。

(1)施工前的测量准备工作

①熟悉设计图纸,仔细校核各图纸之间的尺寸关系。测设前需要下列图纸:总平面图、建筑平面图、基础平面图等。

②现场踏勘。全面了解现场情况,并对业主给定的现场平面控制点和高程控制点进行查看和必要的检核。

③制订测设方案。根据设计要求、定位条件、现场地形和施工方案等因素,制订测设方案包括测设方法、测设数据计算和检核、测设误差分析和调整、绘制测设略图等。

④对参加测量的人员进行初步的分工并进行测量技术交底,并对所需使用的仪器进行重新检验。

(2)建筑物定位放线

①建筑物的定位。

②建筑物轴线控制桩的布设。

（3）现场施工水准点的建立

根据指定控制点向施工现场内引测施工水准点（±0.000的标高）。

（4）±0.000以下施工测量

①平面放样测量。

②±0.000以下结构施工中的标高控制。

（5）±0.000以上施工测量

①±0.000以上各楼层的平面控制测量。

②±0.000以上各楼层的高程控制测量。

（6）建筑物的沉降观测

①沉降观测点的设置。

②沉降观测点的测量。

3）明确水准测量具体任务

根据对测量工作项目的进一步分析,得到水准测量的具体工作任务。

①在测量工作实施前,对所需使用的仪器进行重新检验,并能对部分检验不合格条件进行校正。

②建立现场施工水准点。通过水准测量的方法,并采用一定的水准路线,根据已知控制点引测施工水准点（±0.000的标高）。

③±0.000以下结构施工中的标高控制。通过控制点联测,采用高程传递的方法,向基坑内引测设计标高,并满足误差要求。基础结构支模后,采用测设已知高程的方法,在模板内壁测设设计标高控制线。拆模后,采用测设已知高程的方法,在结构立面抄测结构1 m线。

④±0.000以上各楼层高程控制测量,其步骤如下:

a. 通过首层标高基准点联测,采用测设已知高程的方法,抄测两个楼体（主楼和裙楼）标高控制点,作为地上部分高程传递的依据,避免两楼结构的不均匀沉降造成对标高的影响。

b. 采用高程传递的方法,对楼层进行高程传递。确定各楼层的标高基准点,并满足误差要求。

⑤建筑物的沉降观测。在建筑物施工、使用阶段,使用水准仪,采用水准测量的方法,观测建筑物沉降观测点与水准点之间的高差变化情况。

4）剖析工程中所应用的水准测量知识

要完成建筑工程建设过程中的测量工作任务,学生应具备相应的职业能力与专业知识。工程中水准测量工作任务内容多、责任重,需要学生重点理解和掌握。通过上述分析,总结水准测量相关知识点如下:

①熟练掌握水准仪的种类、类型、组成构造及使用方法;

②掌握简单的水准仪检测方法,了解简单的水准仪校正方法;

③熟练掌握利用水准仪进行水准测量的方法;

④熟练掌握采用各种水准路线进行水准测量的施测方法;

⑤重点掌握采用测设已知高程的方法,引测施工现场设计标高;

⑥重点掌握采用高程传递的方法,确定各楼层的标高基准点;

⑦理解性掌握建筑物沉降观测的方法和作用。

练 习 题

1. DS₃ 水准仪检测时保证 I _____。

2. 水准点布设在通视良好的位置,距离基坑边线大致为 _____。

3. 现场施工水准点的建立布设成 _____ 水准路线。

4. ±0.000 以下标高的施测,腰桩的距离一般从角点开始每隔 _____m 测设一个,比基坑底设计标高高出 _____m,并相互校核,误差控制在 _____ 即满足要求。

5. 基础结构模板拆模后,在结构立面抄测结构 _____ 线。

6. 标高的竖向传递应从首层起始标高线竖直量取,且每栋建筑应由 _____ 处分别向上传递。当 3 个点的标高差值小于 _____ 时,应取其平均值,否则应重新引测。

7. 建筑物总高为 30 < H ≤ 60 时,进行高程传递允许偏差应 ≤ _____。

8. DS₃ 水准仪检测项目有哪些?

9. 列举建筑工程测量施测所需的仪器设备。

7.2 已知高程及直线坡度的测设实训

1)实训基本知识提要

(1)测设已知高程的地面点的方法与步骤

高程测设就是根据附近的水准点,将已知的设计高程测设到现场作业面上。

在建筑设计和施工中,为了计算方便,一般把建筑物的室内地坪用 ±0.000 表示,基础、门窗等的标高都是以 ±0.000 为依据确定的。

假设在设计图纸上查得建筑物的室内地坪高程为 $H_设$,而附近有一水准点 A,其高程为 H_A,现要求把 $H_设$ 测设到木桩 B 上。在木桩 B 和水准点 A 之间安置水准仪,在 A 点上立尺,读数为 a,则水准仪视线高程为 $H_i = H_A + a$。

根据视线高程和地坪设计高程可算出 B 点尺上应有的读数为

$$b = H_i - H_设$$

然后将水准尺紧靠 B 点木桩侧面上下移动,直到水准尺读数为 b 时,应沿尺底在木桩侧面画线,此线就是测设的高程位置。

(2)测设水平面的方法与步骤

在工程施工中,欲使某施工平面满足规定的设计高程 $H_设$,可先在地面上按一定的间隔长度测设方格网,用木桩标定各方格网点。根据上述高程测设的基本原理,由已知水准点 A 的高程 H_A 测设出高程为 $H_设$ 的木桩点。测设时,在场地与已知点 A 之间安置水准仪,读取 A 尺上的后视读数 a,则仪器视线高程为

$$H_i = H_A + a$$

依次在各木桩上立尺,使各木桩顶的尺上读数均为

$$b_应 = H_i - H_设$$

此时各桩顶就构成了测设的水平面。

（3）测设已知坡度直线的方法与步骤

在道路、管道、地下工程、场地平整等工程施工中，常需要测设已知设计坡度的直线。已知坡度直线的测设工作实际上就是每隔一定距离测设一个符合设计高程的位置桩，使之构成已知坡度。

测设时，可利用水准仪设置倾斜视线测设方法，其步骤如下：

①先根据附近水准点，将设计坡度线两端 A、B 的设计高程 H_A、H_B 测设于地面上，并打入木桩。

②将水准仪安置于 A 点，并量取仪器高 i，安置时使一个脚螺旋在 AB 方向上，另两个脚螺旋的连线大致垂直于 AB 方向线。

③瞄准 B 点上的水准尺，旋转 AB 方向上的脚螺旋或微倾螺旋，使视线在 B 标尺上的读数等于仪器高 i，此时水准仪的倾斜视线与设计坡度线平行。

④在 A、B 之间按一定距离打桩，当各桩点 P_1、P_2、P_3 上的水准尺读数都为仪器高 i 时，则各桩顶连线就是所需测设的设计坡度。

在施工中有时需根据各地面点的标尺读数决定填挖高度。若各桩顶的标尺实际读数为 b，则可按下式计算各点的填挖高度。

填挖高度 $= i - b$

在上式中，当 $i = b$ 时，不填不挖；当 $i > b$ 时，必须挖；$i < b$ 时，必须填。

特别提示：由于水准仪望远镜纵向移有限，若坡度较大，超出水准仪脚螺旋的调节范围时，可使用经纬仪测设。

2）实训目的和要求

（1）实训目的

模拟工程测设已知高程，具备灵活运用测量手段解决相关工程问题的能力。

（2）实训任务

①掌握测设已知高程的地面点的方法与步骤。

②掌握测设水平面的方法与步骤。

③掌握测设已知坡度直线的方法与步骤。

④掌握高程传递的测设方法与步骤。

⑤掌握沉降观测方法与步骤。

（3）实训要求

每位同学独立完成实训过程，随时做好记录，认真计算实训数据，真实完成每项实训任务，独立填写自己的实训报告。

【模拟施工现场任务7.1】

高程控制点根据测绘院提供的 BM_A 高程控制点，$BM_A = 35.314$ m。采用环线闭合的方法，将外侧水准点引测至场内（此项内容在前面已经实训过，本实训略），并向建筑物四周围墙上引测固定高程控制点为 35.100 m，东侧设一个点为 BM_1，南侧设 4 个点分别为：BM_2、BM_3、BM_4、BM_5。

本次实训为：根据给定的控制点的高程，引测固定高程控制点为 35.100 m 作为（±0.000 的标高）施工水准点。

【模拟施工现场任务7.2】

主体施工控制标高的测设及0.5 m标准线及抄平,传递高程。

柱子的钢筋笼箍绑扎完后(图7.4),要测设高于楼地面0.5 m的水平墨线,作为控制楼层标高、门窗过梁、钢筋绑扎标高、模板标高、地面施工及装修时标高控制线——+50标高线,即采用水准测量的方法,测设一条高出室内地坪线0.5 m的水平线。

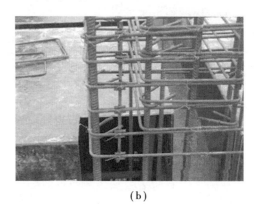

(a)   (b)

图7.4 钢筋笼箍绑扎实际图

(1)实训内容

①由控制桩上的±0.000标高,引测施工现场的0.5 m标准线并抄平0.5 m标准线。

②其他各层传递高程。要求在建筑物指定的对角标准柱子上用钢尺直接从下层的0.5 m标高线向上量该层层高,做好标记,用水准仪测设该层的0.5 m的水平线。

(2)模拟工程施工

欲从教学楼小院或楼前路面上,假设控制桩上的±0.000标高,用测设已知高程的方法,引测施工现场的0.5 m标准线至教学楼柱子上,再由柱子上的0.5 m标准线进行抄平至其他柱子上的0.5 m标准线。

一层A点处为0.5 m标高线,建筑物层高为3.3 m,则可在建筑物对角外墙柱子上悬挂钢尺,使零端在上,上下移动钢尺,使水准仪的前视读数为

$$d = (c - b) + a - 3.3$$

则水准尺底部所在的位置即为二层0.5 m标高线。

若向建筑物上部传递高程,也可采用如图7.5所示的方法。若欲在B处设置高程H_B,则可在该处悬挂钢尺,使零端在下,上下移动B处水准尺,使水准仪的前视读数为

$$b_2 = H_A - H_B + (a_2 - b_2) + a_1$$

则B处水准尺底部所在的位置即为欲测设的高程。

提示:主体上部结构施工时采用钢尺直接丈量垂直高度传递高程,首层施工完后,应在结构的外墙墙面抄测+50 cm水平线,在该水平线上方便于向上挂尺的地方,沿建筑物的四周均匀布置4个点,做出明显标记,作为向上传递基准点,这4点必须上下边视,结构无突出点为宜。以这4个基准点向上拉尺到施工面上以确定各楼层施工标高,在施工面上首先应闭合检查4点标高的误差,当相对标高差小于3 mm时,取其平均值作为该层标高的后视读数,并抄测该层+50 cm水平标高线。施工标高点测设在墙、柱外侧立筋上,并用红油漆做好标记。

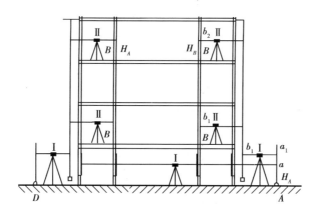

图7.5 模拟工程施工示意图

注意:

①仪器限差符合同级别仪器限差要求。

②钢尺量距时,对悬空和倾斜测量应在满足限差要求的情况下考虑垂曲和倾斜改正。

③标高抄测时,采取独立施测二次法,其限差为 ±3 mm,所有抄测应以水准点为后视。

④垂直皮观测,若采取吊垂球时应在无风的情况下。如有风而不得不采取吊垂球时,可将垂球置于水桶内。

【模拟施工现场任务7.3】基坑抄平(测设已知水平桩)

①由施工现场控制桩上的 ±0.000 标高线,测设基坑里的0.5 m水平控制桩。

②基坑抄平。

深基坑现在都是高层建筑地下一层车库、二层车库。

模拟施工现场,通过高程控制点的联测,再向基坑内引测标高。为保证竖向控制的精度,对所需的标高临时控制点即水平桩(又称为腰桩)必须正确投测,腰桩的距离一般从角点开始每隔3～5 m测设1个,比基坑底计标高高出0.5～1.0 m,并相互校核,较差控制在 ±3 mm 即满足要求。

已知基坑深10.8 m,试采用高程传递的方法,设计通过地面水准基点(±0.000 m 标高点),测设基坑水平桩的方法及步骤,绘制基坑高程控制测设过程示意图。至少观测5个桩号。

练习题

一、填空题

1.基坑过深时,用一般方法不能直接测定坑底标高时,可用悬挂的_____代替水准尺。

2.一般墙体砌筑的标高常用_____控制。

3.高程传递要求较高的建筑物一般测设的_____标高线作为该层楼地面施工及室内装修时的标高控制线。

二、简答题

1.试述基槽开挖时控制开挖深度的方法。

2.对于高程传递要求较高的建筑物,高程传递如何进行?

【模拟施工现场任务7.4】已知坡度线的测设

模拟施工现场测设地下停车场坡道,已知坡道水平距离为10.4 m,坡度为1/8,试采用测设已知高程的方法,在地面上标定出坡道坡面上的点,至少5个点。

提示:坡道可分为室外坡道和室内坡道,室外坡道常用于公共建筑的小入口处(以供车辆行驶直接到达建筑入口),或用于有障碍设计要求的建筑出入门。室内坡道常用于地下车库、地下停车场、医院门诊楼等建筑。坡道坡度一般控制在15°以下,室内坡道的坡度不应大于1/8,室外坡度不应大于1/10,用于残疾人轮椅的坡度不宜大于1/12。如果坡道较长,宜设置休息平台和矮挡墙,以利于轮椅使用方便。

【模拟施工现场任务7.5】工程质量检查验收

①由控制桩验收楼层各层标高及总标高。

②抽查验收楼层门窗洞口标高。

【模拟施工现场任务7.6】沉降观测、倾斜观测

①沉降观测:根据施工场内水准基点周期性地观测建筑物沉降观测点的高程变化,以测定其观测的沉降量。

②倾斜观测:经纬仪安置在边线控制桩上,瞄准柱子顶部固定照准部,往下俯射柱子底部,用直角尺量取偏差值,算出偏差度,$i = \Delta / H$。

注意:

①测设已知高程时,待测点的高程位置要标注准确,应反复观测,直到满足精度要求。

②测设已知坡度的直线时,要准确量取仪器高。

③测设沉降观测时,如仪器高发生变化,应重新观测待测点高程位置。

练习题

一、选择题

1.测设的基本工作是测设已知的水平距离、水平角和(   )。

  A.空间距离   B.高程   C.空间坐标   D.平面坐标

2.根据视线高程和地坪设计高程可算出B点尺上应有的读数为(   )。

  A.$b = H_i$ B.$b = H_i - H_{设}$ C.H_i D.$H_i + H_{设}$

3.当使用水准仪进行已知坡度直线测设时,两个脚螺旋的连线大致(   )AB方向线。

  A.平行   B.倾斜   C.垂直   D.任意

4.在开挖到离坑(槽)底时,应及时用水准仪测量标高,打上水平桩,以作为挖坑(槽)时控制深度的依据。水平桩一般沿基槽每隔壁(   )m钉设一个。

  A.2~3   B.3~4   C.4~5   D.6~8

5.坡道可分为室外坡道和室内坡道,坡道坡度一般控制在(   )以下。

  A.30°   B.15°   C.20°   D.18°

二、计算题

1.场地附近有一水准点A,其高程为$H_A = 138.316$ m,欲测设高程为139.000 m的室内±0.000标高,设水准仪在水准点A所立水准尺上的读数为1.038 m,试说明其测设方法。

2. 试述利用经纬仪测设已知坡度的基本方法,测设水准点 BM_4 的高程为 240.050 m,后视读数 $a = 1.050$ m,设计坡度线之起点 A 的高程为 240.000 m,设计坡度 $i = 1\%$,水平距离为 1 000 m,中间每隔 20 m 加 1 个施工桩,先确定 A 点水准尺的读数,再试求各桩点处的尺数分别为何值时,尺底在 1% 坡度线上?

3. 基础结构模板支好后,用水准仪在模板内壁定出基础面设计标高线控制混凝土浇筑。拆模后,在结构立面抄测结构 1 m 线。试述由 ±0.000 抄测一层 1 m 线的方法及步骤。

项目 8　角度与距离测量综合实训

8.1　建筑工程角度与距离测量实例

建筑工程测量在工程建设施工过程中具有重要的意义和作用。其中角度测量和距离测量贯穿了建筑施工测量的始终,确保建筑物施工质量,确保建筑物的安全运行及使用。

【实例8.1】某商住楼工程测量施工方案

目录

1. 工程概况

2. 施工部署

3. 施工测量的基本要求

(1)实测原则

(2)准备工作

(3)基本要求

4. 工程定位与控制网测设

(1)工程定位

(2)平面控制网的布设原则

(3)建筑平面控制网的布设

5. 基础施工测量

(1)基础平面控制测量

(2)基础平面轴线投测方法

6. 主体结构施工测量

(1)平面控制网的测设

(2)基准线竖向投测方法及要求

(3)标高竖向传递

7. 建筑物的沉降观测

(1)沉降观测点的设置

(2)沉降观测点的测量

8. 工程重点部位的测量控制方法

(1)建筑物大角铅直度的控制

(2)墙、柱施工精度测量控制方法

(3)门、窗洞口测量控制方法的电梯井施工测量控制方法

9. 施工测量质保措施

10. 施测安全及仪器管理

11. 附图

【思考】

(1)何谓施工现场的控制测量?采用什么仪器?

（2）何谓施工现场的平面测量？采用什么仪器？

（3）何谓基础施工现场的控制测量？

（4）何谓基础施工现场的平面测量？

（5）怎样做竖向传递？采用什么仪器、什么方法？

通过对经纬测量实训项目的学习,学生可进一步掌握经纬测量原理、工程控制测量方法、工程定位测量方法、工程平面放线测量方法、工程基础测量方法、工程主体施工测量方法、工程竣工等经纬测量相关实训,还可以通过对经纬测量的掌握和运用,进一步解决整个施工测量过程中的经纬测量工作任务,真实目的是通过模拟施工现场实训使学生零距离接触施工场地,更好地解决当今大学生作为一线技术人员的困惑,怎么才能尽快适应自己的一线技术员工作。通过在校模拟现场实训真正做到学习、就业、工作于一体。

【实例8.2】施工测量的基本要求

（1）施测原则

①严格执行测量规范;遵守先整体后局部的工作程序,先确定平面控制网,然后以控制网为依据,进行各局部轴线的定位放线。

②严格审核测量原始数据的准确性,坚持测量放线与计算工作同步校核的工作方法。

③定位工作执行自检、互检合格后再报检的工作制度。

④测量方法要简捷,仪器使用要熟练,在满足工程需要的前提下力争做到省工省时省费用。

⑤明确为工程服务、按图施工、质量第一的宗旨。紧密配合施工,发扬团结协作、实事求是、认真负责的工作作风。

（2）准备工作

①全面了解设计意图,认真熟悉与审核图纸。施测人员通过对总平面图和设计说明的学习,了解工程总体布局、工程特点、周围环境、建筑物的位置及坐标,熟悉现场测量坐标与建筑物的关系,水准点的位置和高程以及首层 ±0.000 的绝对标高。在了解总平面图后认真学习建筑施工图,及时校对建筑物的平面、立面、剖面的尺寸、形状、构造,它是整个工程放线的依据,在熟悉图纸时,着重掌握轴线的尺寸、层高,对比基础楼层平面、建筑、结构三者之间轴线的尺寸,查看其相关的轴线及标高是否吻合,有无矛盾存在。

②测量仪器的选用（表8.1）。根据有关规定,测量中所用的仪器和钢尺等器具由有仪器校验资质的检测站进行校验,检验合格后方可投入使用。

表8.1　现场测量仪器一览表

序　号	器具名称	型　号	单　位	数　量
1	经纬仪 + 电子经纬仪	J_2	台	2
2	水准仪 + 自动安平	DZS3-1	台	4
3	GPS 卫星定位仪	RTK625	套	1
4	全站仪	ORT	套	2
5	钢尺、皮尺	30 m	把	2
6	对讲机		个	
7	墨斗		只	
8	盒尺		个	

提示：

测量的基本要求：测量数据记录必须原始真实、数字正确、内容完整、字体工整；测量精度要满足要求，根据现行测量规范和有关规程进行精度控制。

根据工程特点及《工程测量规范》，此工程设置精度等级为二级，测角中误差为 $20''$，边长相对误差为 $1/5\ 000$。

【实例 8.3】控制网测量与工程定位

(1)工程定位

根据市测绘规划部门提供的红线桩、水准点，按照总平面图和设计说明给出的水准点坐标与建筑物坐标的关系，确定施工现场的控制桩的位置及控制网的位置和高程以及首层 ±0.000 的绝对标高。由控制网测设建筑物主轴线坐标点进行轴线定位。

(2)平面控制网布设原则

①平面控制应先从整体考虑，遵循先整体后局部、高精度控制低精度的原则，先建立主控桩 P、S、R、Q。

②平面控制网的坐标系统与工程设计所采用的坐标系统一致，布设呈矩形。

③首先根据设计总平面图、现场施工平面布置图布设平面控制网。

④选点应在通视条件良好、安全、易保护的地方。

⑤桩位必须被保护，并用红油漆做好标记。

(3)建筑平面控制网的布设

①依据平面布置与定位原则，控制桩距横向轴线桩 7 m、距纵向轴线桩 10 m，轴线桩共设置横向 10 条、纵向 11 条主控轴，分别距 A 轴 7m、1 轴 10 m。

②建筑物的放线，将经纬仪安置在轴线主控制桩上，用正倒镜法将轴线测设于施工作业面上，纵、横轴线各不得少于 2 条，以此作角度、距离的校核。一经校核无误后，方可在该作业面上放出其他相应的设计轴线及细部线，投测允许误差为 ±2 mm。

③主控轴线定位时，均布置引线，横轴东侧、纵轴北侧、横轴西侧、纵轴南侧均设置定位桩，地面引线均用红三角标出，施测完成后报监理、建设单位确认后，加以妥善保护。按照《工程测量规范》的要求，定位桩的精度要符合表 8.2 中的要求。

表 8.2　定位桩的精度要求

等　级	测角中误差(″)	边长丈量相对中误差
一级	±7	1/30 000

④桩位必须用混凝土保护，砌砖维护，并用红漆做好标记。

⑤在浇筑一层顶板混凝土的过程中，预埋一块 100 mm × 100 mm × 3 mm 的控制铁板。

【实例 8.4】基础测量(图 8.1)

①将 DJ_2 经纬仪架设基坑边上的轴线控制桩位上，经对中、整平后望远镜纵丝瞄准对面轴线控制桩(轴线标志)。将所需的轴线投测到施工的作业面上，在同一层上投测的纵、横轴线各不得少于 2 条，以此作角度、距离的校核。一经校核无误后，方可在该作业面上放出其他相应的设计轴线及细部线。

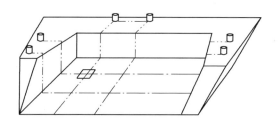

图8.1 基础平面轴线投测示意图

②在垫层上进行基础定位放线前,以建筑物平面控制线为准,校测轴线控制桩无误后,再用经纬仪以正倒镜投直法投测各主控线,投测允许误差为±2 mm。

③垫层上建筑物轮廓轴线投测闭合,经校测合格后,用墨线详细弹出各细部轴线,暗柱、暗梁、洞口必须在相应边角,用红油漆以三角形式标注清楚。

④轴线允许偏差如下:

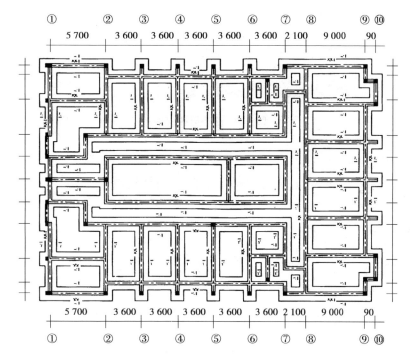

图8.2 轴线允许偏差图示

a.$L < 30$ m,允许偏差为±5 mm。

b.30 m $< L \leqslant 60$ m,允许偏差为±10 mm。

c.60 m $< L \leqslant 90$ m,允许偏差为±15 mm。

d.90 m $< L$,允许偏差为±20 mm。

轴线的对角线尺寸的允许误差为边长误差的$\sqrt{2}$倍,外廊轴线夹角的允许误差为$1'$。

⑤土方开挖测量方法如下:

a.基坑开挖由1轴向11轴推进,高程分2次传递,在距槽底设计标高1.5 m的边坡上钉钢筋头,架设水准仪,随时校核槽底标高。

  b. 开挖到槽底标高 50 cm 处,在基坑边 A 轴 7 m 轴线控制桩上架设经纬仪,向基坑投测主控线,在基坑内建立控制桩并钉铁钉,确定控制点,用白线拉通,如图 8.3 所示。然后在基坑边 2 轴 7 m 轴线控制桩上架设经纬仪,以同样方法确定主控线。当纵横主控线投测交叉后,检查距槽边尺寸,确定槽宽,修整槽边。随挖土进度依次放出各主控线,并放出细部集水坑、消防水池等开挖边线。

图 8.3　土方开挖测量

【实例 8.5】主体结构施工测量

(1)平面控制网的测设

①−1.5 m 至 −0.07 m 墙体混凝土浇筑完毕后,根据场地平面控制网,校测建筑物轴线控制桩后,使用经纬仪将轴控线引弹到结构外立面上,一层墙拆模后,再引弹至墙顶,并弹出外墙大角 −0.1 m 控制线,如图 8.4 所示。

②楼层上部结构轴线垂直控制,采用内控点传递法,在一层布设(也可在二层布设)。根据流水段的划分,第一施工段内设置 4 个内控点,组成自成体系的矩形控制方格,其余 3 段各设置 2 个内控点(纵横主控轴交叉点)。

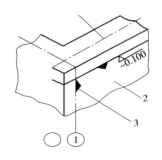

图 8.4　结构外立面

③内主控桩。在一层楼地面上测设出内主控桩,依据平面控制网可以通视的主轴控制线进行施测,在铁板上用钢针划出纵、横轴交叉线,并在交叉点处钻出 2 mm 小孔作为标志。

④上部楼层结构相同的部位留 200×200 的放线洞口,以便进行竖向轴线投测。在各楼层的轴线投测过程中,上下层的轴线竖向垂直偏移不得超过 3 mm。预留洞不得偏位,且不能被掩盖,保证上下通视。

⑤一层楼面的轴网须认真校核,经复核验收后方可向上投测。

⑥一层楼面基点铁件上不得堆放料具,顶板排架避开铁件,确保可以架设仪器。

⑦平面控制网根据结构平面确定,尽量避开墙肢,保证通视。

⑧平面控制网布设原则:先定主控轴,再进行轴网加密,控制轴线包括建筑物外轮廓线、施

工段分界轴线、楼梯间电梯间两侧轴线。

（2）激光经纬仪选型

选用南方测绘激光垂准仪。技术指标：竖向扫描精度 20″，竖向激光束射出距离，白天 500 m、夜间 3 000 m。

要保证激光垂准仪的竖向扫描的精度，激光器射出的光束与仪器的视准轴同轴，激光束光斑与视准轴同心，激光束射至工作面的距离与调焦系统同焦（光斑最小），简称"三同"。

（3）基准线竖向投测方法及技术要求

①基本要求：

a. 竖向投测精度取决于测量人员的技术素质和设备的技术状态。从这两方面着手控制投测精度。

b. 测量人员经技术培训，持证上岗。

c. 测量人员施测前认真理解方案。

d. 仪器需有检定合格证。

②竖向投测程序：

a. 将激光垂准仪架设在一层楼面内控点上，精确对中、精确整平后，射出光束。

b. 通过调焦，使激光束打在作业层激光靶上的激光点最小、最清晰（激光靶是随垂准仪带的一把四方形塑料尺）。

c. 通过顺时针转动垂准仪 360°，检查激光束的误差轨迹。如轨迹在允许限差内，则轨迹圆心为所投轴线点。

d. 通过移动激光靶，使激光靶的圆心与轨迹圆同心，后固定激光靶。在进行控制点传递时，用对讲机通信联络。

e. 轴线点投测到楼层后，用经纬仪进行放线。

f. 在施工层放线时，应先在结构平面上校核投测轴线，闭合后再在细部放线。室内应把建筑物轮廓轴线和电梯井轴线的投测作为关键部位。为了有效控制各层轴线误差在允许范围内，并达到在装修阶段仍能以结构控制线为依据测定，要求在施工层的放线中弹放所有细部轴线、墙体边线、门窗洞口边线。

③测量精度要求：

a. 距离测量精度：1/5 000。

b. 测角允许偏差：20″。

④垂直度控制：结构施工中每层施工完毕，应检测外墙偏差并记录，并检查每层门窗洞口净空尺寸偏差、同一外立面同层窗洞口高低偏差及各层同一部位窗洞口水平位移、弹外墙窗口边线竖直通线。

⑤竖向测量允许误差：层间：2.5 mm；全高：$3H/10\,000$，且不应大于 ±10 mm。

（4）标高竖向传递

①标高传递法：

依据现场内 2 个永久标高控制点，每段在外墙设置 3 个标高控制点，一层控制点相对标高为 +0.50 m，以上各层均以此标高线直接用 50 m 钢尺向上传递，每层误差小于 3 mm 时，以其平均点向室内引测 +50 cm 的水平控制线，抄平时，尽量将水准仪安置在测设范围内中心位置，并行精密安平。

②标高传递技术要求：

a. 标高引至楼层后，进行闭合复测。

b. 钢尺需有检定合格证。

c. 钢尺读数进行温差修正。

③标高允许误差：层高：±2 mm；全高：$3H/10\ 000$，且不应大于±10 mm。

④标高传递注意事项：

a. 标高基准点的确定非常重要，标高传递前，必须进行复核。

b. 标高基准点需要妥善保护。

【实例8.6】工程重点部位的测量控制方法

（1）建筑物大角铅直度的控制方法

首层墙体施工完成后，分别在距大角两侧30 cm处外墙上，各弹出一条竖直线，并涂上2个红色三角标记，作为上层墙肢模板的控制线。上层墙体支模板时，以此30 cm线校准模板边缘位置，以保证墙角与下一层墙角在同一铅垂线上，以此层层传递，从而保证建筑物大角的垂直度。

（2）墙、柱施工精度测量的控制方法

为了保证剪力墙、隔墙和柱子的位置正确以及后续装饰施工的及时插入，放线时首先根据轴线放测出墙、柱位置，弹出墙柱边线，然后放测出墙柱30 cm的控制线，并和轴线一样标记为红三角，每个房间内每条轴线红三角的个数不少于2个，在该层墙柱施工完后要及时将控制线投测到墙、柱面上，以便用于检查钢筋和墙体的偏差情况，以及满足装饰施工测量的需要。

（3）门、窗洞口测量控制方法

结构施工中，每层墙体完成后，用经纬仪投测出洞口的竖向中心线及洞口，两边线横向控制线用钢尺传递，并弹在墙体上。室内门窗洞口的竖直控制线由轴线关系弹出，门窗洞口水平控制根据标高控制线由钢尺传递弹出。以此检查门、窗洞口的施工精度。

（4）电梯井施工测量控制方法

在结构施工中，在电梯井底以控制轴线为准弹测出井筒300 cm控制线和电梯井中心线，并用红三角标识。在后续的施工中，每层都要根据控制轴线放出电梯井中心线，并投测到侧面上用红三角标识。

【实例8.7】质量保证措施

①测量作业的各项技术按《建筑工程施工测量规程》进行。

②测量人员全部持证上岗。

③进场的测量仪器设备必须检定合格且在有效期内，标识保存完好。

④施工图、测量桩点必须经过校算校测合格才能作为测量依据。

⑤所有测量作业完后，测量作业人员必须进行自检，自检合格后，上报质量总监和责任工程师核验，最后向监理报验。

⑥在自检时，对作业成果进行全数检查。

⑦在核验时，要重点检查轴线间距、纵横轴线交角以及工程重点部位，保证几何关系正确。

⑧滞后施工单位的测量成果应与超前施工单位的测量成果进行联测并对联测结果进行

记录。

⑨加强对现场内的测量桩点的保护,所有桩点均明确标识,防止用错和破坏。

【实例8.8】施测安全及仪器管理

①施测人员进入施工现场前必须戴好安全帽。

②在基坑边投放基础轴线时,确保架设的经纬仪的稳定性。

③一层楼面架设激光垂准仪时,要有人监视,不得有东西从轴线洞中掉落损坏仪器。

④操作人员不得从轴线洞口上仰视,以免掉物伤人。

⑤轴线投测完毕后,须将洞上防护盖板复位。

⑥在操作仪器时,同一垂直面上的其他工作要注意尽量避开。

⑦施测人员在施测中应坚守岗位,雨天或强烈阳光下应打伞,仪器架设好,需有专人看护,不得只顾弹线或其他事情,不管仪器。

⑧在施测过程中,要注意旁边的模板或钢管堆,以免仪器碰撞或倾倒。

⑨所用线坠不能置于不稳定处,以防受碰被晃落伤人。

⑩仪器使用完毕后需立即入箱上锁,由专人负责保管,存放在通风干燥的室内。

⑪测量人员持证上岗,应严格遵守仪器测量操作规程作业。

⑫使用钢尺测距须使尺带平坦,不能扭转折压,测量后应立即卷起。

⑬钢尺使用后表面有污垢时应及时擦净,长期储存时尺带涂防锈漆。

8.2 施工测量定位放线实训

1)实训基本知识提要

①平面控制测量可分为导线测量、三角测量、三边测量、GPS测量等形式。建筑工程平面控制测量可分为建筑方格网、建筑基线。目前工程分为小地区控制测量和开发小区控制测量。小地区控制测量的水准点一般先用GPS定点,再进行施工场地建筑方格网控制测量。民用开发小区控制测量水准点一般可用GPS和导线测量定点,再进行施工场地建筑方格网控制测量和建筑基线测量。

②高程控制测量(略)。

2)实训目的和要求

(1)目的

掌握建筑方格网、建筑基线的测设方法。

(2)要求

小组长要分配好实训任务,做到每个人都有任务并能相互交叉作业,模拟施工中的施工组织安排,同时为满足每个同学都能操作不同的岗位,还要做到轮换操作,真正做到每个同学都与实际工程零距离接触,达到实训目的。

任务8.1 导线测量

【模拟施工现场8.1】闭合导线外业作业及成果计算

每个实训小组在学院测量实训场地上,在老师指定的地点上用GPS定出一个水准点 BM_1

作为本组实训起点,由实训起点开始方位角30°或45°、60°,进行导线测量定出至少7个点的闭合导线。控制测量的外业作业及内业以小组测量精度及成果计算给出小组成绩。

使用仪器:GPS定水准点BM_1、全站仪进行导线测量。

实训要求:要求每个小组成员至少测1个测站,正确使用全站仪。

任务8.2　控制测量

【模拟施工现场8.2】建筑方格网控制测量和建筑基线控制测量

①在测量实训场地上或教学楼一层连廊大厅上,模拟施工现场进行建筑方格网控制测量和建筑基线控制测量。

②仪器:GPS、全站仪、DJ_2光学经纬仪、电子经纬仪。

③实训要求:由老师指导用GPS定出水准点BM_2,每小组1套全站仪测设建筑方格网和建筑基线,每小组DJ_2级光学经纬仪和电子经纬仪各1套、皮尺1个测设两居室。

【模拟施工现场8.3】

①在实训场地或操场上,以班级为单位放出8 m×8 m、6 m×6 m、10 m×10 m的建筑方格网,在建筑方格网里再测设5.5 m×6 m、7.5 m×9 m的教室。

②仪器:GPS、全站仪、DJ_2光学经纬仪、电子经纬仪。

③实训要求:老师指导用GPS定出水准点BM_3,由班级指定2小组各领1套全站仪测设建筑方格网,其余每小组以建筑方格网为基准,每小组领DJ_2级光学经纬仪和电子经纬仪各1套、皮尺2个测设两间教室。

④主要测试班级的协作精神,由指导教师检查测设精度及对仪器的操作熟练程度。

【模拟施工现场8.4】依据原有建筑或道路进行拟建建筑物的定位放线

①以教学楼或图书楼、办公楼、宿舍的横、纵墙为依据进行拟建建筑物的定位放线。

②拟建建筑物与原有建筑物南立面相平齐,楼距5 m。

③模拟施工现场拟建建筑物10 m×8 m。

任务8.3　基础施工

【模拟施工现场8.5】

①在基底测设轴线控制桩时,同时测设基底相互垂直的2条主控轴线。

②仪器:全站仪或经纬仪。

③精度要求:全站仪角秒±2″,电子经纬仪或2″光学经纬仪。

【模拟施工现场8.6】

①根据2条主控轴线,按基础平面图模拟工程用皮尺(不用钢尺是因为怕伤着学生)量取各轴线间距,检查轴线长度,拉墨线弹出基础平面轴线图。

②量距精度:1/10 000。

任务8.4　主体结构施工测量

【模拟施工现场8.7】主体结构外立面、墙体顶面测设轴线

在测量实训场地上根据平面控制网,校测平面轴线控制桩后,使用经纬仪将轴控线测设到

主体结构外立面上,画上红三角,再拉墨线引弹至墙顶,并弹出外墙大角 −0.1 m 控制线。

【模拟施工现场8.8】内控制桩

①模拟在教学楼一层测设出控制桩和建筑物的主控轴线。

②在一层楼地面上测设出内主控桩,依据平面控制网的主控轴线进行施测,并在桩上划出交叉线。交叉点为标志,作为上部结构轴线垂直控制点。

③采用内控点传递法,在二层布设传递孔。模拟工程在二层探出一号图版丁字尺,在一层内控点上安置垂准仪将内控点投测到二层丁字尺上,移动丁字尺使丁字尺端头接受垂准仪激光点,并旋转垂准仪360°看激光点是否离开尺子端点,回量0.5 m定下二层主控轴线,丈量轴线间距定下其他房间的轴线。每一个施工段内设置4个内控点,组成自成体系的矩形控制方格。

任务8.5 工程重点部位的测量控制方法

【模拟施工现场8.9】检查墙、柱垂直度施工精度

①为了保证剪力墙、隔墙和柱子位置的正确性,在教学楼一层长廊大厅里,首先根据轴线放测出墙、柱位置,弹墙、柱边线,然后放测出墙、柱 30 cm 的控制线,并和轴线一样标记为红三角,在该层墙、柱施工完后要及时将控制线投测到墙、柱面上以便检查墙体偏差情况。

②测设方法:

将经纬仪安置在 30 cm 的控制线的延长线上,瞄准墙体的红三角使水平度盘读数为 $0°00'00''$,转动照准部瞄准墙边读取水平度盘读数,得出水平角记录下来。再次瞄准红三角固定水平制动螺旋,仰起望远镜至观测目标,再转动照准部测出现测目标至墙边的水平角得出垂直偏差值。偏差值除以观测高度得出偏差度。

任务8.6 圆曲线测设

【模拟施工现场8.10】主元素测设

(1)实训目的和要求

①熟悉经纬仪的使用。

②掌握圆曲线主点测设的方法。

③掌握偏角法进行圆曲线详细测设的方法。

④掌握用切线支距法详细放样圆曲线的方法。

(2)实训仪器及工具

①经纬仪1台、钢尺1把、铁钉15个、木桩若干、板桩、记录板。

②计算器1个、铅笔1支、记录纸。

(3)测设要求

①每组放样出1个圆曲线主点(ZY、QZ、YZ)及2个整桩号点,两图取一。转折角 α 可取 $45°$、$90°$,半径 R 可取 4 m、2 m。计算切线长 T、外距 E,测设教学楼、办公楼、图书楼前道路的拐弯处。

②熟练掌握经纬仪的使用方法及步骤。操作要点:复杂的平曲线测设最终都化解为基本的水平角、距离测设。主点测设流程:安置经纬仪于起始桩号 ZY,瞄准起始测设方向倒转望远镜瞄准要测设的方向,由起始桩号 ZY 点起量取 T 得出 JD,再安置仪器于 JD 点测设转折角 α,再

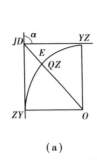
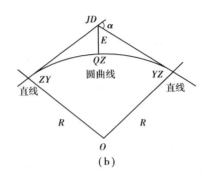

图 8.5　主元素测设

量取 T、E，得主点 ZY、YZ、QZ。

【模拟施工现场 8.11】主点要素计算

图 8.6(a)为某市区临街建筑平面设计图示，内弧长为 35 m，中间每间弧长为 4 m，两边间弧长为 1.5 m，ZY 点的里程为 $DK_8+156.78$，其总平面位置如图 8.6(b)所示。

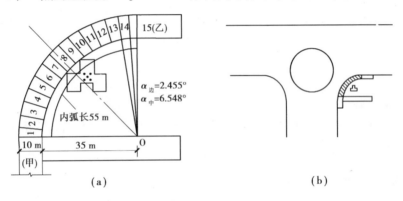

图 8.6　在市区临街建筑平面设计图示

①切线长 $T=$ _____ m，曲线长 $L=$ _____ m，外距 $E=$ _____ m，切曲差 $D=$ ___m。

②各主点里程：ZY 点 = _____，YZ 点 = _____，外距 $E=$ _____，QZ 点 = ___，JD 点 = _____。

8.3　小区域控制测量实训

通过控制测量地形测量实践，培养学生相应的测、绘、算能力和建筑施工组织、综合应用、解决实际问题的能力。要求学生掌握常用测绘仪器的原理和操作、检校方法、技能、步骤；掌握控制测量、碎部测量、地形图测绘等基本方法与技能，并提交合格的技术资料。

1）实训目的

以控制测量、碎部测量及视距测量为主绘制大比例尺地形图的综合性教学实训，掌握根据测量规范，利用各种手段和技术进行数据采集与数据处理的基本方法与技能，使每个学生熟悉控制测量、碎部测量及视距测量外业与内业作业的全过程。本项综合性实训可在专门的实训场地进行，也可视具体情况结合生产实训进行。本项实训的主要目的如下：

①巩固和加深课堂所学理论知识,培养学生的理论联系实际、实际动手能力。

②熟练掌握常用测量仪器(水准仪、经纬仪、全站仪)的使用。

③掌握导线测量、碎部测量、四等水准测量的观测和计算方法。

④了解数字测图的基本程序及相关软件的应用。

⑤通过完成测量实际任务的锻炼,提高学生独立从事测绘工作的计划、组织与管理能力,培养学生良好的专业品质和职业道德,达到综合素质培养的教学目的。

2)实训任务

以控制测量、碎部测量及视距测量为主绘制大比例尺地形图的综合性教学实训,需完成以下实训任务:

①采用导线测量的方法完成小地区平面控制测量。

②采用四等水准测量的方法完成小地区高程控制测量。

③采用碎部测量的方法完成小地区碎部点的观测。

④整理外业工作数据,完成内业计算。

⑤根据内业计算成果,绘制小地区大比例尺地形简图。

⑥整理实训材料,提交实训报告。

3)实训要求与内容

为便于实训和平行作业,本次实训分组进行,每组7～8人,各组设组长1人,协助指导教师负责组织本小组的各项实训、仪器的借用与保管、资料的收集与整理等各项具体工作,并处理好与其他实训小组的协调工作。

每组借用全站仪(包括脚架)1台、棱镜(包括脚架和基座)2个、电子经纬仪(带脚架)1台,标杆2根、DS₃型水准仪(带脚架)1台、水准尺1把、尺垫2只、30～50 m卷尺(或皮尺)1把、测伞1把、记录板1块、工具包1只、自备水准尺扶杆4只、木桩、大头钉、油漆1桶、铁锤1把、画板、铅笔、小刀等文具用品。

(1)配置

①工具:小平板仪、塔尺、小钢尺、量角器、三棱尺、计算器、铅笔、橡皮等。

②人员:一般是观测员、记录计算员、绘图员各1人、立尺员2人。

(2)步骤

①安置仪器:在控制点 A 安置经纬仪,量取仪器高。

②定向:后视(盘左瞄准)另一控制点 B,度盘置 0°00′00″。

③立尺:立尺员把塔尺立到地物、地貌特征点上。"地物"取"轮廓转折点"。"地貌"取"地性线上坡度或方向变化点"。

④观测:瞄准点1的塔尺,分别读取上、下丝之差、中丝读数、竖盘读数、水平角。

⑤记录、计算:记录上述观测值,按视距测量公式计算出点1的水平距离 D 和高程 H。

⑥展碎部点:在图纸上,按水平角、水平距离定出点1的位置。

⑦绘制地形图(地物和等高线),其内容有:按图式规定描绘地物,勾绘等高线。

(3)任务

实训技术指标及作业限差主要按精密导线测量规范、国家水准测量规范,同时也参照《工程测量规范》和《城市测量规范》的技术要求执行。实训任务要求两周时间内主要完成以下任务。

①平面控制测量。

a. 编写控制点的点之记。

b. 勘探场地,选控制点、布设导线网。

c. 进行水平角和水平距离的观测、记录和验算。

d. 进行导线测量的内业计算,确定各控制点坐标。

②高程控制测量。

a. 进行四等水准测量,并进行外业观测成果的验算,取得合格的外业成果。

b. 完成水准测量成果的内业计算,确定各水准点高程。

③碎部测量。

a. 选择地物地貌特征点,进行碎部测量外业,并对外业成果进行检验。

b. 整理碎部点相关数据。

(4)总结

整理观测数据,绘制大比例尺地形简图,编写实训报告。

4)注意事项

①在实习期间各实习小组必须对仪器装备妥善保管,爱护使用,交接时按清单点数,签名负责。

②每天出工前和收工后,组长负责清点仪器装备的数量和检查仪器装备是否完好无损,如发现问题及时报告。

③仪器应放在明亮、干燥、通风之处,不准放在潮湿地面上。

④每次出发作业前,应检查仪器背带、提手、仪器箱的搭扣是否牢固,搬站时应将仪器抱在身上。

⑤从仪器箱内取用仪器时,应一手握住仪器基座,一手托住仪器支架,从仪器脚架上取下仪器放回箱内时也应这样做,并将仪器按正确位置放置。

⑥仪器安置在测站上时,始终应有人看管;在野外使用仪器时,不得使仪器受到阳光的照射;暂停观测或遇小雨时,首先应把物镜罩盖好,然后用测伞挡住仪器。

⑦水准测量时,扶尺竹竿仅为了使尺子扶稳,绝不允许脱开双手;工作间歇时不允许将水准尺靠在树上或墙上,应背阳侧放在平坦的地面上。

⑧观测员将仪器安置在脚架上时,一定要拧紧连接螺旋和脚架制紧螺旋,并由记录员复查。否则,由此产生的仪器事故,由二者分担责任。

⑨使用钢尺时,不能使尺面扭曲,不得在地面拖拉和践踏,用完后要用布擦净尘土。

⑩使用计算器时要注意爱护,切勿掉落在地上;注意节约电源;注意清洁,用毕装入皮套。

⑪在使用全站仪时,应严格按照使用说明书的要求操作和搬运。记录数据用2B铅笔,严禁涂改数据,要求记录本干净整洁。

⑫每天实习收工后,应及时整理当天的外业观测资料,并做好资料的保管。

⑬要求学生每天记录工作日志,以便书写控制测量实习报告,在实习结束时,同实习资料成果一并上交。

⑭仪器保管:实训期间各小组自行保管仪器。

⑮归还仪器时间:周五上午把仪器交回器材室,并由任课老师验收。

任务8.7　采用导线测量完成小地区平面控制测量

①测量工作必须遵循程序上"由整体到局部",步骤上"先控制后碎部",精度上"由高级至低级"的原则进行,即无论是地形测图,还是施工放样,都必须首先进行控制测量。

②控制测量包括平面控制测量和高程控制测量。导线测量是城市或小区域平面控制测量中最常用的一种布网形式,尤其适合建筑区、隐蔽区或道路、河道等狭长地带的控制测量。

③导线测量的内业。导线测量的内业就是进行数据处理,最终推算出导线点的坐标。

任务8.8　采用四等水准的方法测量完成小地区高程控制测量

高程控制测量一般采用水准测量和三角高程测量,小地区控制测量一般采用三四等水准测量和图根水准测量,在山区,地面起伏较大,常采用三角高程测量。四等水准点的高程引测自国家高程一、二、三等水准点,也可建立独立高程控制网。用于控制网加密、建立小地区首级高程控制。布设形式有:附合水准路线、结点网的形式;闭合水准路线形式;水准支线。

任务8.9　采用碎部测量的方法完成小地区碎部点的观测碎部测量

(1)测定碎部点的方法

①极坐标法。极坐标法是根据测站点上的一个已知方向,测定已知方向与所求点方向的角度和量测测站点至所求点的距离,以确定所求点位置的一种方法。

②直角坐标法。直角坐标法是指从一已知定线段,确定另一地物点的垂足,再从垂足分别量取至该地物点的支距及已知线段一端的距离,就可在图上确定出该地物点。

(2)碎部点的选择

碎部点是指地物、地貌的特征点。

①地物特征点:决定地物形状的地物轮廓线上的转折点、交叉点、弯曲点及独立地物的中心点等,如房角点、道路转折点、交叉点、河岸线转弯点等。

②地貌特征点:山谷、山脊、山头、鞍部、洼地等。一般规定主要地物凸凹部分在图上大于0.4 mm时均要表示出来,若小于0.4 mm,则可以用直线连接。

(3)经纬仪碎部测量

经纬仪测绘法的实质是按极坐标定点进行测图。观测时先将经纬仪安置在测站上,绘图板安置于测站旁,用经纬仪测定碎部点的方向与已知方向之间的夹角、测站点至碎部点的距离和碎部点的高程,填写测量手簿,然后根据测定数据用量角器和比例尺把碎部点的位置展绘于图纸上,并在点的右侧注明其高程,再对照实地描绘地形。

注意:

①每观测20～30个碎部点,应检查起始方向归零差应<4′,否则,应重新定向,并检查已测碎部点。

②立尺人员应将视距尺竖直,综合取舍碎部点,地形复杂时绘制草图。

③绘图人员应注意保持图面正确、整洁、注记清晰并做到随测点及时展绘、检查。

④当该站工作结束时,应检查有无漏测、错测,并将图面上的地物、地性线、等高线与实地对

照,若发现问题则应及时纠正。

任务8.10 绘制地形图

（1）绘制大比例尺地形图

表明观测场地建筑物、道路、河流、草地及地面高低起伏情况。参照图8.7绘制观测地形图。

①采用等高线绘制观测场地的地貌。

②观测场地内建筑物用轮廓线绘制。

③地物用统一规定的符号表示。

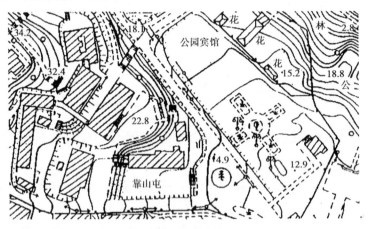

图8.7 地形图

（2）绘制A2图幅地形图

比例为1∶100～1∶500。按要求认真绘制观测场地的建筑物、道路、河流、草地及地面高低起伏情况。图纸要清晰整洁，图线要粗细均匀，图例准确，大小适中。

实训结束后，每人应编写一份实训报告，要求内容全面、概念正确、语句通顺、文字简练、书写工整、插图和数表清晰美观，并按统一格式编号装订成册，与实训资料成果一起上交。要求用A2纸打印，略图中各点的位置要与实际情况相符（如角度、边长等）。

（3）上交资料

每个测量小组应上交的资料：

①导线网略图、各点的点之记。

②全网各点的水平角观测手簿和水准测量观测手簿。

③导线长度观测记录表。

④导线的坐标计算成果表。

⑤水准测量成果计算表和水准网略图。

⑥经纬仪碎部测量观测手簿。

⑦A2图幅的大比例尺地形图。

⑧技术小结。

以上内容要求按顺序装订成册，封面统一。

附录　综合应用案例

案例1　某高层住宅施工测量方案

1）编制依据

①《工程测量规范》(GB 50026—2007)。

②某市第一测绘分院提供的工程测量成果 2004 普测 0668 号。

③××家园住宅小区施工图纸。

④××家园住宅小区施工组织总设计。

2）工程概况

××家园住宅小区工程,总建筑面积 109 271 m²,分主楼和裙房(裙房主要为地下车库),主楼地下二层,车库地下一层,结构形式为全现浇框架、抗震剪力墙结构,地基为 CFG 桩复合地基,基础为筏板基础,埋深 -10.55 m。地上结构:1#楼地上 21 层,建筑檐高为 65.3 m,主楼长 57.98 m,宽 25.2 m,2#、3#楼地上 20 层建筑檐高为 62.4 m,长 70.5 m,宽 34.9 m。标准层高均为 2.900 m±0.000 相当于绝对标高 35.10 m,室内外高差 0.3 m。

3）施工准备

(1)场地准备

本工程施工时拆迁工作已基本结束,现场地势基本平坦,定位测量施工前先进行场地平整工作,清除障碍物后即可进行施工定位放线工作。

(2)测量仪器准备

根据本工程的规模、质量要求、施工进度确定所用的测量仪器,所有测量器具必须经专业法定检测部门检验合格后方可使用。使用时应严格遵照《工程测量规范》(GB 50026—2007)要求操作、保管及维护,并设立测量设备台账。测量仪器配备一览表见表1。

表1　测量仪器配备一览表

序　号	测量仪器名称	型号规格	单　位	数　量	备　注
1	光学经纬仪	J₂	台	2	
2	自动安平水准仪	DZS3-1	台	3	
3	激光铅垂仪	JDA-96	台	1	
4	全站仪	BTS-3082C	台	1	
5	钢卷尺	50 m	把	4	
		7.5 m	把	4	
		5.5 m	把	20	
6	塔尺	5 m	把	2	

（3）技术准备

①施测组织。本项目部特派专业测量人员成立测量小组，根据某市第一测绘分院提供的工程测量成果 2004 普测 0668 号测定的坐标点和高程控制点进行施测，并按规定程序检查验收，对施测组全体人员进行详细的图纸交底及方案交底，明确分工，所有施测的工作进度逐日安排，由组长根据项目的总体进度计划进行安排。测量人员及组成：测量负责人 1 名，测量技术员 2 名，测量员 4 名。

②技术要求主要有以下 4 个：

a. 所有参加施工测量人员、验线人员必须持证上岗，施工放线人员要固定，不能随便更换，如有特殊需要，必须由现场技术负责人同意后负责调换，以保证工程正常施工。

b. 测量人员必须熟悉图纸，了解设计意图，学习测量规范，充分掌握轴线、尺寸、标高和现场条件，对各设计图纸的有关尺寸及测设数据应仔细校对，必要时将图纸上主要尺寸摘抄于施测记录本上，以便随时查找使用。

c. 测量人员测量前必须到现场踏勘，全面了解现场情况，复核测量控制点及水准点，保证测设工作的正常进行，提前编制施工测量方案。

d. 测量人员必须按照施工进度计划要求，施测方案，测设方法，测设数据计算和绘制测设草图，以此来保证工程各部位按图施工。

③施测原则主要有以下 6 条：

a. 认真学习执行国家法令、政策与法规，明确一切为工程服务、按图施工、质量第一的宗旨。

b. 遵守"先整体后局部"的工作程序，先确定"平面控制网"，后以控制网为依据，进行各细部轴线的定位放线。

c. 必须严格审核测量原始依据的正确性，坚持"现场测量放线"与"内业测量计算"工作步步校核的工作方法。

d. 测法要科学、简捷，仪器选用要恰当，使用要精心，在满足工程需要的前提下，力争做到省工、省时、省费用。

e. 定位工作必须执行自检、互检合格后再报检的工作制度。

f. 紧密配合施工，发扬团结协作、实事求是、认真负责的工作作风。

4）主要施工测量方法

（1）坐标及高程引测

①坐标点、水准点引测依据。根据某市第一测绘分院提供的工程测量成果 2004 普测 0668 号，得知场外坐标控制点和水准控制点，见表 2 和表 3。

表 2　建筑物外侧坐标控制点

点　号	纵坐标(X)	楼坐标(Y)
2[1]1	310 905.237	511 596.028
2[1]2	310 900.050	511 509.940
2[1]6	310 984.939	511 633.622
2[1]8	310 949.355	511 439.622

表3 建筑物外侧高程控制点

点 号	高程(m)	点 号	高程(m)	点 号	高程(m)
BM_A	35.314	BM_B	35.097	BM_C	35.386

②场区平面控制网布设原则。平面控制应先从整体考虑,遵循先整体后局部,高精度控制低精度的原则,布设平面控制网首先根据设计总平面图,现场施工平面布置图,选点应选在通视条件良好、安全、易保护的地方。本工程各楼座控制桩布设在混凝土护坡坡顶上,并用红油漆做好测量标记。

③引测坐标点、水准点,建立局域控制测量网其主要步骤如下:

a. 坐标点。从现场场地的实际情况来看,整个基槽采取大开挖,现场可用场地较狭小,所以布设的控制点要求通视,便于保护施工方便。

根据设计图纸、施工组织设计对楼层进行网状控制,兼顾 ±0.000 以上施工,确定控制控轴线标准如下:

1#楼　1—A、1—3、1—D、1—2、1—15、1—D′、1—13、1—A′。

2#楼　2—1、2—49、2—H、2—T。

3#楼　3—1、3—50、3—H、3—T。

● 施测时,首先,采用全站仪置于"规6点",对中整平,后视照准"规2点",前视"规8点",校核测绘院提供的这几点相对距离、夹角是否符合。

● 采用极坐标的施测方法,测设各楼座的定位点,全站仪置于"规6点",对中整平,后视照准"规2点",前视"各楼座定位点"。

● 采用全站仪坐标测量功能,复查各楼座定位点。全站仪置于"规6点",对中整平,输入"规6点"的绝对坐标,前置光靶于各楼座定位点,测读各楼座的坐标,复查校核各楼座坐标数据。至此,就建立了本工程各楼座测量的控制轴线网。

b. 水准点。高程控制点根据测绘院提供的 BM_A、BM_B 及 BM_C 三个高程控制点,如图1所示。采用环线闭合的方法,将外侧水准点引测至场内,向建筑物四周围墙上引测固定高程控制点为35.100 m,东侧设1个,南侧设4个点。

根据引测结果,确定高程点布置位置并绘制水准点控制图。

(2)测量控制方法

①轴线控制方法。基础部位主要采用"轴线交会法",主体结构主要为"内控天顶法"。

②高程传递方法。基础部位主要采取"钢尺挂垂球法",主体结构为"钢尺垂直传递法"。

③轴线及高程点放样程序,主要包括以下3部分工作:

a. 基础工程,其流程图如图2所示。

b. 地下结构工程。

c. 地上结构施工。其流程图如图3所示。

(3)基础测量放线

①轴线投测。

②标高控制,包括以下4部分内容:

图1 高程控制点

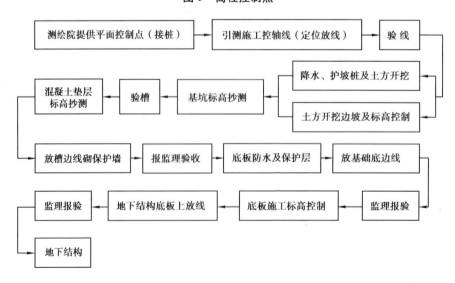

图2 基础工程流程图

a.高程控制点的联测:在向基坑内引测标高时,首先联测高程控制网点,以判断场区内水准

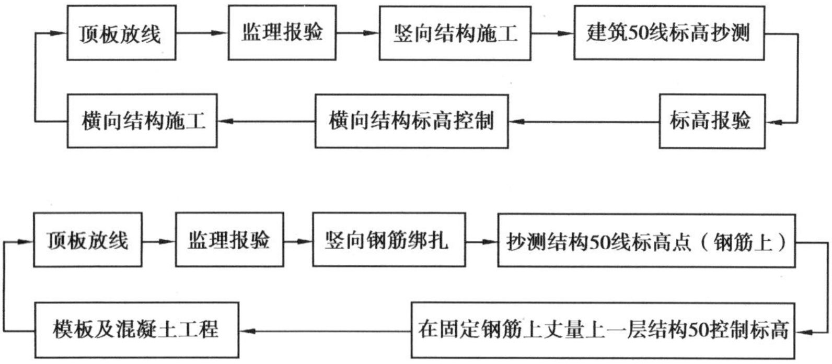

```
┌─────────┐   ┌─────────┐   ┌─────────┐   ┌──────────────────┐
│ 顶板放线 │──▶│ 监理报验 │──▶│ 竖向结构施工 │──▶│ 建筑50线标高抄测 │
└─────────┘   └─────────┘   └─────────┘   └──────────────────┘
     ▲                                              │
     │        ┌─────────┐   ┌──────────────┐   ┌─────────┐
     └────────│ 横向结构施工 │◀──│ 横向结构标高控制 │◀──│ 标高报验 │
              └─────────┘   └──────────────┘   └─────────┘
```

```
┌─────────┐   ┌─────────┐   ┌─────────┐   ┌────────────────────────┐
│ 顶板放线 │──▶│ 监理报验 │──▶│ 竖向钢筋绑扎 │──▶│ 抄测结构50线标高点（钢筋上） │
└─────────┘   └─────────┘   └─────────┘   └────────────────────────┘
     ▲                                              │
     │      ┌──────────────┐  ┌──────────────────────────┐
     └──────│ 模板及混凝土工程 │◀─│ 在固定钢筋上丈量上一层结构50控制标高 │
            └──────────────┘  └──────────────────────────┘
```

图3 地上结构施工流程图

点是否被碰动,经联测确认无误后,方可向基坑内引测所需的标高。

b.标高的施测:为保证竖向控制的精度要求,对每层所需的标高基准点,必须正确测设,在同一平面层上所引测的高程点,不得少于3个,并进行相互校核,校核后3点的偏差不得超过3 mm,取平均值作为该平面施工中标高的基准点,基准点应标在边坡立面位置上,所标部位应先用水泥砂浆抹成一个竖平面,在该竖平面上测设施工用基准标高点,用红色三角作为标志,并标明绝对高程和相对标高,便于施工中使用。

c.为了控制基槽的开挖深度,当基槽快挖到槽底设计标高时,用水准仪在槽壁上测设一些水平木桩,使木桩的上表面离槽底的标高为一固定值。为施工时方便,一般在槽壁各拐角处和槽壁每隔3~4 m均测设一个水平桩。必要时可沿水平桩上表面挂线检查槽底标高。

d.根据标高线分别控制垫层标高和混凝土底板标高,墙、柱模板支好检查无误后,用水准仪在模板上定出墙、柱标高线。拆模后,抄测结构控制顶板高度,如图4所示。在此基础上,用钢尺作为传递标高的工具。

图4 标高控制线

(4)主体结构测量放线

①楼层主控轴线传递控制。

②楼层标高传递控制,其内容包含以下4部分:

a.高程控制网的布置:本工程高程控制网采用水准法建立,现场共设置5个 ±0.000 水准点(绝对高程为 35.1 m)。以绿色三角为标志。控制 1#楼、2#楼,3#楼,分别设在现场的围墙和永久建筑物上,点距约 30 m。

b. 标高传递:主体上部结构施工时采用钢尺直接丈量垂直高度传递高程。首层施工完后,应在结构的外墙面抄测 +50 cm 交圈水平线,在该水平线上方便于向上挂尺的地方,沿建筑物的四周均匀布置 4 个点,做出明显标记,作为向上传递基准点,这 4 点必须上下通视,结构无突出点为宜。以这几个基准点向上拉尺到施工面上以确定各楼层施工标高。在施工面上首先应闭合检查 4 点标高的误差,当相对标高误差小于 3 mm 时,取其平均值作为该层标高的后视读数,并抄测该层 +50 cm 水平标高线。施工标高点测设在墙、柱外侧立筋上,并用红油漆做好标记。

c. 由于钢尺长度有限,因此向上传递高程时采取接力传递的方法,传递时应在钢尺的下方悬挂配重(要求轻重适宜)以保持钢尺的垂直。

d. 每层标高允许误差 3 mm,全层标高允许误差 15 mm,施工时严格按照规范要求控制,尽量减少误差。

(5)安装工程标高控制

①主体结构施工时以该楼层钢筋上 50 cm 线为准。装修时安装以该层室内墙面 50 cm 线为准。

②装饰工程施工放线,包括以下 3 方面内容:

a. 进行室内装饰面施工时,平面控制仍以结构施工控制线为依据,标高控制引测建筑 50 标高线,要求交圈闭合,误差在限差范围内。

b. 外墙四大角以控制线为准,保证四大角垂直方正,经纬仪投测上下贯通,竖向垂直线供贴砖控制校核。

c. 进行外墙饰面施工时,以放样图为依据,以外门窗洞口、四大角上下贯通控制线为准,弹出方格网控制线(方格网大小根据饰面石材尺寸确定)。

(6)测量注意事项

①仪器限差符合同级别仪器限差要求。

②钢尺量距时,对悬空和倾斜测量应在满足限差要求的情况下考虑垂曲和倾斜改正。

③标高抄测时,采取独立施测二次法,其限差为 ±3 mm,所有抄测应以水准点为后视。

④垂直度观测,若采取吊垂球时应在无风的情况下;如有风而不得不采取吊垂球时,可将垂球置于水桶内。

(7)细部放样的要求

①用于细部测量的控制点必须经过检验。

②细部测量坚持由整体到局部的原则。

③方向控制尽量使用距离较长的点。

④所有结构控制线必须清楚明确。

5)质量标准

工程测量应以中误差作为衡量测绘精度的标准,2 倍误差作为极限误差。为保证误差在允许限差内,各种控制测量必须按《工程测量规范》执行,操作按规范进行,各项限差必须达到下列要求:

①建筑物控制网：允许误差 1/15 000，边长相对中误差 ±20。

②竖向轴线允许偏差：每层 ±3 mm，全高 ±15 mm。

③标高竖向传递允许偏差：每层 ±3 mm，全高 ±15 mm。

沉降观测步骤如下：

以建设单位聘请的有资质的测绘院施测数据为准。要求"三定"即定人、定点、定仪器，如图 5 所示。

图 5　沉降观测

①建水准点根据现场平面布置，水准点布置在塔吊基础和现场办公室墙面。

②沉降观测点布置在房角和长方向中部，观测点在墙肢内埋一个直径为 20 mm 的弯钢筋，钢筋端头磨成球面，观测点按以下原则设置：

a. 点位牢固，确保安全并能长期使用。

b. 观测点是一个球面，与墙面保持 40 mm 距离，能够在点位上垂直立尺。

c. 点位通视良好，高度适中(0.5～1.0 m)，便于观测。

d. 点位距混凝土边缘不少于 5 cm。

e. 按比例画出点位平面布置图，每个点都相应编号，以便观测和填写记录。

③观测时间：

a. 每一结构层施工完毕观测 1 次。

b. 主体完工后每一个月观测 1 次。

c. 竣工后移交建设单位继续观测。

d. 下暴雨后观测 1 次。

④观测方法：

a. 各观测点首次高程精确测量。每次观测按固定后视点、观测路线按示意图进行，前后视距尽量相等，视距大约 15 m，以减少仪器误差影响用 S1 水准仪和 mm 分划水准尺。

b. 在晴天无雾的情况下进行观测以便成像清晰。

c. 各点观测完毕回到原后视点闭合,测量误差不超过 2 mm。

d. 采取"一稳""四固定"观测条件,环境基本相同,观测路线稳定,程序和方法固定。

⑤观测记录整理。

每次观测结束后,对观测成果逐点进行核对,根据本次所测高程与首次所测高程之差计算出累计沉降量并将每次观测日期、建筑荷载(工程形象)情况标注清楚,按表格填写记录并画出时间与沉降量、荷载的关系曲线图。

6) 施工测量质量保证措施

(1) 保证质量措施

①为保证测量工作的精度,应绘制放样简图,以便现场放样。

②对仪器及其他用具定时进行检验,以避免仪器误差造成的施工放样误差。测量工作是一个极为繁忙的工作,任务大,精度高,因此必须按《工程测量规范》的要求,对测量仪器、量具按规定周期进行检定,还应对周期内的经纬仪与水准仪的主要轴线关系每 2~3 个月进行定期校验。此外,还应做好测量辅助工具的配备与校验工作。

③每次测角都应精确对中,误差 ±0.5 mm,并采用正倒镜取中数。

④高程传递水准仪应尽量架设在两点的中间,消除视准轴不平行于水准轴的误差。

⑤使用仪器时在阳光下观测应用雨伞遮盖,防止气泡偏离造成误差,雨天施测要有防雨措施。

⑥每个测角、丈量、测水准点都应施测 2 遍以上,以便校准。

⑦每次均应作为原始记录登记,以便能及时查找。

(2) 安全技术措施

①轴线投测到边轴时,应将轴线偏离边轴 1 m 以外,防止高空坠落,保证人员及仪器安全。

②每次架设仪器,螺旋松紧适度,防止仪器脱落下滑。

③较长距离搬运,应将仪器装箱后再进行重新架设。

④轴线引测预留洞口 200 mm×200 mm,预留后,除引测时均要用木板盖严密,以防落物伤人或踩空,并设安全警示牌。

⑤向上引测时,要对工地工人进行宣传,不要从洞口向下张望,以防落物伤人。

⑥外控引测投点时要注意临边防护、脚手架支撑是否安全可靠。

⑦遵守现场安全施工规程。

7) 仪器保养和使用制度

①仪器实行专人负责制,建立仪器管理台账,由专人保管、填写。

②所有仪器必须每年鉴定 1 次,并经常进行自检。

③仪器必须置于专业仪器柜内,仪器柜必须干燥、无尘土。

④仪器使用完毕后,必须进行擦拭,并填写使用情况表格。

⑤仪器在运输过程中,必须手提、抱等,禁止置于有震动的车上。

⑥仪器现场使用时,司仪人员不得离开仪器。在使用过程中防爆晒、防雨淋,严格按照仪器的操作规程使用。

⑦水准尺不得躺放,三脚架水准尺不得做工具使用。

【案例分析】

1）分析水准测量工作项目

从以上的材料可知,测量工作在整个建筑工程建设过程中起着重要的作用。下面对测量工作项目进行分析。

（1）施工前的测量准备工作

①熟悉设计图纸,仔细校核各图纸之间的尺寸关系。测设前需要下列图纸:总平面图、建筑平面图、基础平面图等。

②现场踏勘。全面了解现场情况,并对业主给定的现场平面控制点和高程控制点进行查看和必要的检核。

③制订测设方案。根据设计要求、定位条件、现场地形和施工方案等因素,制订测设方案,包括测设方法、测设数据计算和检核、测设误差分析和调整、绘制测设略图等。

④对参加测量的人员进行初步的分工并进行测量技术交底,并对所需使用的仪器进行重新的检验。

（2）建筑物定位放线

①建筑物的定位。

②建筑物轴线控制桩的布设。

（3）现场施工水准点的建立

根据指定控制点向施工现场内引测施工水准点（±0.000 的标高）。

（4）±0.000 以下施工测量

①平面放样测量。

②±0.000 以下结构施工中的标高控制。

（5）±0.000 以上施工测量

①±0.000 以上各楼层的平面控制测量。

②±0.000 以上各楼层高程控制测量。

（6）建筑物的沉降观测

①沉降观测点的设置。

②沉降观测点的测量。

2）明确水准测量具体任务

根据对测量工作项目的进一步分析,得到水准测量的具体工作任务。

①在测量工作实施前,对所需使用的仪器进行重新检验,并能对部分检验不合格仪器进行校正。

②建立现场施工水准点。通过水准测量的方法,并采用一定的水准路线,根据已知控制点引测施工水准点（±0.000 的标高）。

③±0.000 以下结构施工中的标高控制。通过控制点联测,采用高程传递的方法,向基坑内引测设计标高,并满足误差要求。基础结构支模后,采用测设已知高程的方法,在模板内壁测设设计标高控制线。拆模后,采用测设已知高程的方法,在结构立面抄测结构 1 m 线。

④±0.000 以上各楼层高程控制测量,其主要内容如下:

　　a. 通过首层标高基准点联测,采用测设已知高程的方法,抄测两个楼体(主楼和裙楼)标高控制点,作为地上部分高程传递的依据,避免两楼结构的不均匀沉降对标高造成影响。

　　b. 采用高程传递的方法,对楼层进行高程传递。确定各楼层的标高基准点,并满足误差要求。

　　⑤建筑物的沉降观测。在建筑物施工、使用阶段,使用水准仪,采用水准测量的方法,观测建筑物沉降观测点与水准点之间的高差变化情况。

　　3)剖析工程中所应用的水准测量知识

　　要完成建筑工程建设过程中的测量工作任务,学生应具备相应的职业能力与专业知识。工程中水准测量工作任务内容多、责任重,需要学生重点理解和掌握。通过上述分析,总结水准测量相关知识点如下:

　　①熟练掌握水准仪的种类、类型、组成构造及使用方法。

　　②掌握简单的水准仪检测方法,了解简单的水准仪校正方法。

　　③熟练掌握利用水准仪进行水准测量的方法。

　　④熟练掌握采用各种水准路线进行水准测量的施测方法。

　　⑤重点掌握采用测设已知高程的方法,引测施工现场设计标高。

　　⑥重点掌握采用高程传递的方法,确定各楼层的标高基准点。

　　⑦理解性掌握建筑物沉降观测的方法和作用。

练 习 题

　　1. DS$_3$ 水准仪检测时保证_____。

　　2. 水准点布设在通视良好的位置,距离基坑边线大致为_____。

　　3. 现场施工水准点的建立布设成_____水准路线。

　　4. ±0.000 以下标高的施测,腰桩的距离一般从角点开始每隔_____m 测设 1 个,比基坑底计标高高出_____m,并相互校核,误差控制在_____即满足要求。

　　5. 基础结构模板拆模后,在结构立面抄测结构_____线。

　　6. 标高的竖向传递应从首层起始标高线竖直量取,且每栋建筑应由_____处分别向上传递。当 3 个点的标高差值小于_____时,应取其平均值;否则应重新引测。

　　7. 建筑物总高为 30 < H ≤ 60 时,进行高程传递允许偏差应 ≤_____。

　　8. DS$_3$ 水准仪检测项目有哪些?

　　9. 列举建筑工程测量施测所需的仪器设备。

案例2　某市高新开发区某高层住宅施工测量方案

1）编制依据

①《工程测量规范》（GB 50026—2007）。

②某市测绘局提供的高新开发区水准点。

③××小区施工图纸。

④××小区施工组织总设计。

2）工程概况

高新开发区某建筑面积为 52 178 m^2，其中地下二层面积为 9 150 m^2，该工程的结构主体分为裙房和主楼两部分，裙房为 3 层，主楼为 26 层，面积 43 028 m^2。该结构为全现浇框架、剪力墙结构，箱形基础，底板标高为 −8.700 m。地下二层层高均为 3.6 m，地上部分均为 30 层，B1栋高 95.12 m，B2 栋高 97.22 m。±0.000 标高相当于绝对标高为 21.300 m，室外高差 0.300 m。

3）施工准备

（1）场地准备

本工程施工时农业用地转为开发用地手续工作已结束，现场地势基本平坦，定位测量施工前先进行场地平整，然后即可进行施工定位放线工作。

（2）测量仪器准备

根据本工程的规模、质量要求、施工进度确定所用的测量仪器（见表4），所有测量器具必须经专业法定检测部门检验合格后方可使用。使用时应严格遵照《工程测量规范》（GB 50026—2007）要求操作、保管及维护，并设立测量设备台账。

表4　现场测量仪器一览表

序　号	器具名称	型　号	单　位	数　量
1	GPS		台	1
2	激光经纬仪 + 电子经纬仪	J_2	台	2
3	水准仪 + 自动安平水准仪	DS_3	台	3
4	全站仪	RTS	台	1
5	接受靶		个	1
6	钢尺	50 m	把	2
7	钢尺	30 m	把	2
8	盒尺	5 m	把	2
9	对讲机		个	3
10	墨斗		只	4

（3）技术准备

①施工测量组织工作，其具体内容如下：

由项目技术部专业测量人员成立测量小组，根据市测绘研究院及甲方给定的坐标点和高程控制点进行工程定位、建立轴线控制网。按规定程序检查验收，对施测组全体人员进行详细的图纸交底及方案交底，明确分工，所有施测的工作进度及逐日安排，由组长根据项目的总体进度计划确定。

测量人员及组成：测量负责人 1 名，测量技术员 1 名，测量员 4 名。

②技术要求，包括以下 4 方面内容：

a. 所有参加施工测量人员、验线人员必须持证上岗，施工放线人员要固定，不能随便更换，如有特殊需要必须由现场技术负责人同意后负责调换，以保证工程正常施工。

b. 测量人员必须熟悉图纸，了解设计意图，学习测量规范，充分掌握轴线、尺寸、标高和现场条件，对各设计图纸的有关尺寸及测设数据应仔细校对，必要时将图纸上主要尺寸摘抄于施测记录本上，以便随时查找使用。

c. 测量人员测量前必须到现场踏勘，全面了解现场情况，复核测量控制点及水准点，保证测设工作的正常进行，提前编制施工测量方案。

d. 测量人员必须按照施工进度计划要求、施测方案、测设方法，进行测设数据计算和绘制测设草图，以此来保证工程各部位按图施工。

③施测原则，主要有以下 5 点：

a. 严格执行测量规范，遵守先整体后局部的工作程序，先确定平面控制网，后以控制网为依据，进行各局部轴线的定位放线。

b. 必须严格审核测量原始数据的准确性，坚持测量放线与计算工作同步校核的工作方法。

c. 定位工作执行自检、互检合格后再报检的工作制度。

d. 测量方法要简捷，仪器使用要熟练，在满足工程需要的前提下，力争做到省工、省时、省费用。

e. 明确为工程服务、按图施工、质量第一的宗旨。紧密配合施工，发扬团结协作、实事求是、认真负责的工作作风。

4）主要施工测量方法

（1）校核起始依据，建立建筑物控制网

①校核起始依据。以高新水准点为基准点，以施工坐标为测设点，用 GPS 定位测设点，然后用直角坐标法建立场区控制网作为建筑物平面控制网。以高程控制点为依据，做等外附合水准测量，将高程引测至场区内。平面控制网导线精度不低于 1/10 000，高程控制测量闭合差不大于 $\pm 30\sqrt{L}$ mm（L 为附合路线长度，以 km 计）。在测设建筑物控制网时，首先要对起始依据进行校核。根据红线桩及图纸上的建筑物角点坐标，反算出它们之间的相对关系，并进行角度、距离校测。校测允许误差：角度为 $\pm 12''$，距离相对精度不低于 1/15 000。对起始高程点应用附合水准测量进行校核，高程校测闭合差不大于 $\pm 10\sqrt{n}$ mm（n 为测站数）。

②建立建筑物控制网。建筑物外边 7 m 为矩形平面控制网。建筑物平面控制网点必须妥善保护。

③主轴线的测设，包括以下两部分内容：

a. 主轴线的选择。该工程的结构主体分为裙房和主楼两部分,裙房为 3 层,主楼为 26 层,中间留有后浇带。因此,定主轴线时,按流水段的划分将该工程分 3 部分进行主轴线的控制。选择 1 轴、2 轴、5 轴、7 轴、8 轴、9 轴、10 轴作为 X 方向的主轴线,A 轴、C 轴、J 轴作为 Y 方向的主轴线。

b. 主轴线的测设。根据平面控制网图纸尺寸 X 轴距 A 轴、J 轴 10m 处 1 点上架设经纬仪,后视 14 点在此方向上量测出 2 轴、5 轴、7 轴、8 轴、9 轴、10 轴桩点,再后由 10 轴桩点扩 7 m 定位 Y 轴并量测出 A 轴、C 轴、J 轴桩点。测设完的主轴线桩及控制桩应用围栏妥善保护,长期保存。

(2)高程控制

利用高程点进行附合测法在场区内布设不少于 8 个点的水准路线,这些水准点作为结构施工高程传递的依据。

(3)±0.000 m 以下及基础施工测量

该工程的基础底板标高为 −8.700 m。标高传递采用钢尺配合水准仪进行,并控制挖土深度。挖土深度要严格控制,不能超挖。在基础施工时,为监测边坡变形,在边坡上埋设标高监测点,每 10 m 埋设 1 个,随时监测边坡的情况。

清槽后,用经纬仪将 3、10、B、G 四条轴线投测到基坑内,并进行校核,校核合格后,以此放出垫层边界线。按设计要求,抄测出垫层标高,并钉小木桩。在垫层混凝土施工时,拉线控制垫层厚度。

地下部分的轴线投测,采用经纬仪挑直线法进行外控投测。垫层施工完后,将主轴线投测到垫层上。先在垫层上对投测的主轴线进行闭合校核,精度不低于 1/8 000,测角限差为 ±12″。校核合格后,再进行其他轴线的测设,并弹出墙、柱边界线。施测时,要严格校核图纸尺寸、投测的轴线尺寸,以确保投测轴线无误。

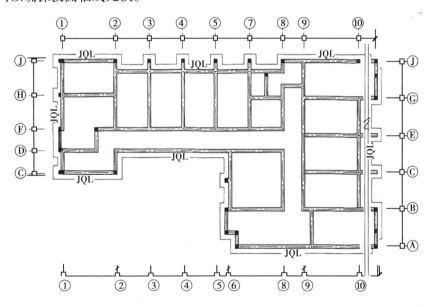

图 6 主轴线的测设

地下部分结构施工的高程传递,用钢尺传递和楼梯间水准仪观测互相进行,互为校核。

（4）±0.000 m 以上施工测量

①轴线竖向传递。本工程的轴线竖向传递采用激光铅垂仪内控法。在首层地面设置投测基点。在首层地面钢筋绑扎施工时,在欲设置激光投测点的位置预埋 100 mm × 100 mm 铁板,铁板上表面略高于混凝土上表面。激光投测点的选择要综合考虑流水段的划分,分别在 2 轴、5 轴、7 轴、8 轴、9 轴、10 轴桩点 14 轴西侧,A 轴南侧、J 轴北侧布设激光投测点。

各点距主轴线距离均为 1.000 m。施工至首层平面时,对各主轴线桩点进行距离、角度校核,校核合格后再进行首层平面放线。放线后,再将各激光投测点测定在预埋铁板上,并再次校核,合格后方可进行施工。

每层顶板应在各激光投测点相应的位置上预留 150 mm × 150 mm 的接收孔。投测时将激光铅垂仪置于首层控制点上,在施工层用有机玻璃板贴纸接收。每个点的投测均要用误差圆取圆心的方法确定投测点,即每个点的投测应将仪器分别旋转 90°、180°、270°、360°投测 4 个点,取这 4 个点形成的误差圆的圆心作为投测点。每层投测完后均要进行闭合校核,确保投测无误,再放线其他轴线及墙边线、柱边线。

主楼高 85 m,为保证竖向投测的精度,轴线投测采用两次接力投测。在 10 层混凝土施工前,先在北侧投测点的南侧 500 mm 处,南侧投测点的北侧 500 mm 处预埋 4 块铁板。待地面轴线投测完后,精密校核合格后将原投测点分别向南和向北移动 500 mm,将这 4 个点作为 10 层以上轴线投测的起始点。轴线竖向投测的精度不应低于 1/10 000,且每层投测误差不应超过 2 mm。

②高程传递。首层施工完成后,将 ±0.000 m 的高程抄测在首层柱子上,且至少抄测 3 处,并对这 3 处进行附合校核,合格后以此进行标高传递。 ±0.000 m 以上标高传递采用钢尺从 3 个不同部位向上传递。每层传递完后,必须在施工层上用水准仪校核。由于高程超一整尺,因此,在 10 层标高投测后,精确校核,合格后,以此作为 10 层以上结构施工高程传递依据。

标高传递误差主楼不应超过 ±15 mm,裙房不超过 ±10 mm,且每层标高竖向传递的距离不应超过 ±3 mm,超限必须重测。每层结构施工完后,在每层的柱、墙上抄测出 1.000 m 线,作为装修施工的标高控制依据。

（5）装修施工测量

在结构施工测量中,按装修工程要求将装饰施工所需要的控制点、线及时弹在墙、柱上,作为装饰工程施工的控制依据。

①地面面层测量。在四周墙身与柱身上投测出 100 cm 水平线,作为地面面层施工标高控制线。根据每层结构施工轴线放出各分隔墙线及门窗洞口的位置线。

②吊顶和屋面施工测量以 1.000 m 线为依据,用钢尺量至吊顶设计标高,并在四周墙上弹出水平控制线。对于装饰比较复杂的吊顶,应在顶板上弹出十字分格线,十字线应将顶板均匀分格,以此为依据向四周扩展等距方格网来控制装饰物的位置。屋面测量首先要检查各方向流水实际坡度是否符合设计要求,并实测偏差,在屋面四周弹出水平控制线及各方向流水坡度控制线。

③墙面装饰施工测量。内墙面装饰控制线,竖直线的精度不应低于 1/3 000,水平线精度每 3 m 两端高差小于 ±1 mm,同一条水平线的标高允许误差为 ±3 mm。外墙面装饰用铅直线法在建筑物四周吊出铅直线以控制墙面竖直度、平整度及板块出墙面的位置。

④电梯安装测量。在结构施工中,从电梯井底层开始,以结构施工控制线为准,及时测量电梯井净空尺寸,并测定电梯井中心控制线。测设轨道中心位置,并确定铅垂线,并分别丈量铅垂线间距,其相互偏差(全高)不应超过 1 mm。每层门套两边弹竖直线,并保证电梯门槛与门前地面水平度一致。

⑤玻璃幕墙的安装测量。结构完工后,安装玻璃幕墙时,用铅垂钢丝的测法来控制竖直龙骨的竖直度,幕墙分格轴线的测量放线应以主体结构的测量放线相配合,对其误差应在分段分块内控制、分配、消化,不使其积累。幕墙与主体连接的预埋件应按设计要求埋设,其测量放线偏差高差不大于 ±3 mm,埋件轴线左右与前后偏差不大于 10 mm。

(6)放线质量检查工作

每次放线前,均应仔细看图,弄清楚各个轴线之见的关系。放线时要有工长配合并检查工作。放线后,质检人员要及时对所放的轴线进行检查。重要部位要报请监理进行验线,合格后方可施工。所有验线工作均要有检查记录。对验线成果与放线成果之间的误差处理应符合《建筑工程施工测量规程》的规定。

①当验线成果与放线成果之差小于 $1/\sqrt{2}$ 倍的限差时,放线成果可评为优良。

②当验线成果与放线成果之差略小于或等于 $\sqrt{2}$ 倍限差时,对放线工作评为合格(可不必改正放线成果或取两者的平均值)。

③当验线成果与放线成果之差超过 $\sqrt{2}$ 倍限差时,原则上不予验收,尤其是重要部位,若次要部位可令其局部返工。

(7)精度要求

轴线竖向投测精度不低于 1/10 000,平面放线量距精度不低于 1/8 000,标高传递精度主楼、裙房分别不超过 ±15 mm、±10 mm。

(8)仪器选用

该工程测量选用 TOPCON 电子全站仪 1 台,2″级经纬仪 2 台,DS$_3$ 水准仪 2 台,50 m 钢卷尺 2 把,激光铅垂仪 1 台。

(9)测量工作的组织与管理

施工测量管理工作由项目部主任工程师负责,测量技术员负责具体实施,由测量班进行操作。每次放完线后,由质检人员进行验线。各级人员均要遵守各自的岗位责任制,互相监督。

案例 3　某居住区高层公寓北区 D 楼、E 楼、F 楼施工测量方案

1) 工程概况和编制依据

(1) 工程概况

本工程位于某市某公园以南,整个拟建工程分别由一幢 20 + 1 层、一幢 18 + 1 层、一幢 16 + 1 层组成,系框剪结构。本施工段由 D 楼、E 楼、F 楼组成,同一个基础,地下室为车库。建筑高度 D 楼 69.5 m,E 楼 62.5 m,F 楼 56.5 m。建筑室内外高差为 300 mm,地下一层结构标高比建筑标高低 200 mm,其余室内结构标高比建筑标高低 0.050 m。D 楼、E 楼、F 楼地下一层结构标高为 −5.6 ～ −6.4 m,承台厚度为 11.2 m,底板厚度为 300 mm,基础下面为 100 mm 厚 C15 素混凝土的垫层。根据设计本工程 ±0.000 m 相当于绝对标高 20.700 m,室外地面标高在绝对标高 20.4 m 处。由某房地产开发有限公司投资兴建,某建筑设计研究总院设计,某建设监理有限公司监理,并由某建筑工程有限公司承建。

(2) 编制依据

①《工程测量规范》(GB 50026—2007)。

②《建筑施工测量手册》2003 年 9 月。

③建设单位提供的控制点成果表。

④设计施工图,施工总平面布置图。

2) 施工测量要求

①测量方法:一级导线测量;三等水准测量。

②测量仪器:全站仪、DJ_2 经纬仪、DSZ-3 水准仪,钢卷尺、激光铅锤仪。

③建筑方格网的主要技术要求:测度中误差这 5″,边长相对中误差为 ≤1/30 000。

④测量记录必须原始真实、数字正确、内容完整、字体工整,测量精度要满足《工程测量规范》(GB 50026—2007)要求,同时根据现行相关的测量规范和有关规程进行精度控制。

3) 施工测量部署

(1) 施工测量人员组成

由于本工程设地下一层结构,加之上部主体结构复杂,选派具有丰富测量经验的人员为测量组组长,另增设 2 名测量员配合其搞好本工程的测量工作。

(2) 施工测量组织工作

由项目技术部专业测量人员成立测量小组,根据某房地产开发有限公司提供的坐标点 B_1 (44 762.299,38 208.585)、B_2 (45 058.448.38 192.352)和水准高程控制点 B_3 (绝对标高 19.138 m)进行工程定位、建立轴线控制网。按规定程序检查验收,对施测组全体人员进行详细的图纸交底及方案交底,明确分工,所有施测的工作进度及逐日安排,由组长根据项目的总体进度计划进行安排。

(3) 准备工作

①全面了解设计意图,认真熟悉与审核图纸。施测人员通过对总平面图和设计说明的学习,首先了解工程总体布局、工程特点、周围环境、建筑物的位置及坐标;其次了解现场测量坐标

与建筑物的关系,水准点的位置、高程以及首层 ±0.000 的绝对标高。在了解总图后认真学习建筑施工图,及时校对建筑物的平面、立面、剖面的尺寸、形状、构造,它是整个工程放线的依据。在熟悉图纸时,着重掌握轴线的尺寸、层高;对比基础、楼层平面、建筑、结构几者之间轴线的尺寸;查看相关的轴线及标高是否吻合,有无矛盾存在。

②测量仪器的选用。根据有关规定,测量中所用的仪器和钢尺等器具经具有仪器校验资质的检测厂家进行校验合格后方可投入使用。表 5 为现场测量仪器一览表。

表 5 现场测量仪器一览表

序　号	器具名称	型　号	单　位	数　量
1	全站仪	STS-750	台	1
2	经纬仪	DJ_2	台	1
3	经纬仪	DJ_6	台	1
4	水准仪	DZS3-1	台	3
5	激光垂直仪		台	2
6	激光接受靶		个	2
7	钢尺	50 m	把	5
8	钢尺	30 m	把	3
9	钢尺	5 m	把	15
10	盒尺	5 m	把	2
11	塔尺	5 m	把	3
12	对讲机		个	3
13	墨斗		只	8
14	线锤	5 kg		5
15	线锤	0.5 kg		2

4) 控制网测设与施工测量

(1) 平面控制网测设

①布网时需要注意以下原则:

a. 控制网中应包括作为场地定位依据的红线桩和红线,建筑物的对称轴和主要轴线,主要弧线的长弦和矢高方向,电梯井的主要轴线和施工分段轴线。

b. 在保证其长期保留的前提下,控制网四周尽量平行于建筑物边线,以便于闭合检验校核。

c. 控制线间距控制在 20 ~ 50 m 以内,两点间应通视易量。控制桩的顶面标高应略低于场地标高,桩底应低于冰冻层,以有利于长期保留。

d. 平面控制应先从整体考虑,遵循先整体后局部、高精度控制低精度的原则。

e. 平面控制网的坐标系统与工程设计所采用的坐标系统一致,布设呈矩形或方格形。

f. 布设平面控制网时首先根据设计总平面、现场施工平面布置图。

g. 选点应在通视条件良好、安全、易保护的地方。

h.轴线控制桩位必须采取措施加于保护,必要时用铜管进行围护,并用红油漆做好标记。

②依据平面布置本工程共设置六横六纵共 12 条主控轴线。

③建筑布网控制精度。控制网不仅作为场内建筑物准确定位和高程竖向控制的依据,而且将作为建筑物施工测量变形观测的主要参照点,所以精度要求十分严格,规范规定建筑定位放线的边长相对中误差精度应小于1/3 000,测角中误差应小于1′。

④主控轴线定位时,均布置引线,横轴东侧、西侧、纵轴南侧投测到工地围墙上和北侧所处的墙壁上(标志点的布设要求不受日后施工影响),纵轴北侧投测到北面临时设施的围墙上或临时设施的墙上,作为 D 楼、E 楼、F 楼地下室施工的临时控制点,临时控制点的精度要求同主控轴上的其他控制点。围墙上、地面的引线均需用红双三角标出清晰明了。

⑤平面控制网的测法。根据建设单位提供的场内主要控制点进行场内控制网的布控,考虑场地较为复杂,拟建建筑面积较大,测量精度要求较高,决定采用归化测法,即先初步测定控制网的点位,然后用精确的测算方法(计算机 AutoCAD 制图精算),得到各定点的实际坐标值,与设计院提供的(或建设单位提供的控制点各点的坐标)坐标值相比,最后对初步测定的点位进行归化改正,并如实记录测量修正后的误差情况,完成并上报监理、建设单位确认后,加以妥善保护。

⑥检测的桩位保护。本工程因桩基础工程施工时,场地破坏严重,桩位保护较为困难。决定采用混凝土桩保护,浇筑 500 mm ×500 mm ×1 500 mm 的混凝土桩,桩顶面覆以 300 mm ×300 mm ×3 mm 钢板,钢披上镶钻 1 mm 小孔镀铜做标志,并加盖井盖。控制网布设完成后,要提交主管部门的质量员、监理、建设单位验收,验收合格并经监理签字认可后方可投入使用。平面控制的检验资料应妥善保存,需作为竣工验收资料。

(2)高程控制网的测设

①高程控制布网原则可描述如下:

a.保证建筑物竖向施工的精度要求,在场区内建立高程控制网,以此作为保证施工竖向精度的首要条件。

b.根据建设单位提供的高程点 BM_3(19. 138 m)布设施工现场场区内的半永久性的高程控制网。

c.为保证建筑物竖向施工的精度要求,在施工现场周边围墙以内离基坑壁较远的地方埋设高程控制网点。为满足施工测量的需要,场区内水准点埋设好后先用精密水准仪进行复测检查,从 $BM_8 \sim BM_{11}$ 采用双面尺法测设一条闭合水准路线,在确定观测结果无误后,对高差闭合差进行调差,并计算出 H_4 绝对标高。上报监理、建设单位进行复测,监理及建设单位复测符合要求确认后,对场区其他半永久性水准点进行联测,以此作为保证竖向施工精度控制的首要条件,这些点位也可作为以后沉降观测的基准点。

②高程控制网的等级及技术要求,可描述如下:

a.高程控制网的精度,不低于三等水准的精度。

b.半永久性水准点位于永久建筑以外,一律按测量规程规定的要求引测半永久水准点的标高。

c.半永久性水准点桩的埋设必须牢固,并妥善加以保护。

d.引测的水准点,需经监理、建设单位复测符合要求后方可投入使用。

e. 高程控制网拟按三等闭合水准测量测设。

③水准点的埋设及观测技术要求,可叙述如下:

a. 水准点的埋设水准点选取在土质坚硬、便于长期保存和使用方便的地方。墙水准点应选设在稳定的建筑物上。点位应便于寻找、保存和引测。

b. 场内半永久性水准点的观测方法。可根据建设单位、监理单位确认场内的半永久性 BM_1 水准点标高,中转多站进行往返引测其他半永久性的水准点标高,并对所测的各点水准点标高的数据进行逐个计算,上报建设单位、监理单位确认无误后方可使用。

④场内半永久性水准点的桩位保护。同平面控制桩一样,原始水准点必须妥善加以保护,并在雨季前后各定测复核一次,同时要求在地下室土方开挖后经常不定期的进行检查复核,确保场内各半永久性的水准点的标高准确无误。

(3)施工测量控制

①根据该房地产开发有限公司提供的 B_1、B_2 控制点和水准点 B_3(建设单位提供的书面资料)资料,并按照本工程设计图纸主轴线的坐标点对 D 楼、E 楼、F 楼工程场内各定位控制点进行复测。

②基坑围护施工测量放样。根据有关资料并利用基坑围护设计图纸和相应的工程技术联系单,采用极坐标法和角度前方交会法对基坑开挖及放坡的平面位置进行测量放样,由于本工程的测量线路长,现场转角较多,平面位置测量控制比较困难,该部位围护桩施工放样,本项目部拟采用角度前方交会的方法进行各主要控制点的测量放样,以确保围护桩的施工测量精度。

③±0.000 以下基础施工测量,其基本内容如下:

a. 地下室基础施工平面轴线投测方法,具体可描述如下:

在垫层上进行基础定位放线前,以建筑物平面控制线为准,校测各主控轴线桩无误后,用经纬仪以正倒镜或直角法投测各主控轴线,投测允许误差为 ±2 mm。

将 DJ_2 经纬仪架设在基坑边上的轴线控制点保护桩的桩位上,经对中整平后,将经纬仪视准轴对准在同一轴线(建筑物轴线)上远处围墙上或龙门桩上的轴线标志点,将所需的轴线投测到地下室基础垫层面上,采用同样的方法将基础施工所需纵、横主控轴线一一投测到基础垫层上面,并作好相应的标记(每幢楼层基础施工投测的纵、横轴线均不得少于两条),以此作为基础施工时主控制轴线角度、间距的校核依据。主控制轴线经校核无误后,方可投测出其他基础施工所需的相应设计轴线或细部线。

垫层上建筑物轮廓轴线投测闭合,经校测合格后,用墨线详细弹出各细部轴线,用红油漆以三角形式标注清楚。

轴线允许偏差如下:

| $L \leqslant 30$ m | 允许偏差 ±5 mm | 30 m $< L \leqslant 60$ m | 允许偏差 ±10 mm |

| 60 m $< L \leqslant 90$ m | 允许偏差 ±15 mm | 10 m $< L$ | 允许偏差 ±20 mm |

轴线的对角线尺寸允许误差为边长误差的 2 倍,外廓轴线的夹角的允许误差为 1′。

b. ±0.000 以下高程测量控制,具体可描述如下:

高程控制点的测量。在向基坑内引测标高时,首先测量场内各半永久性的高程控制点,以判断场区内水准点是否被碰动,经测量确认无误后,方可利用坑外半永久性观测点的标高向基坑内引测所需的测量控制标高。

±0.000以下标高的传递。施工时用钢尺配合水准仪将标高传递到基坑内相对稳定牢固的物体上(或塔吊承台基础上面),报请监理检查验收符合要求后,以此标高作为基础施工时的标高控制依据。在基坑内临时水准点的位置处标明绝对高程和相对标高,方便施工中使用。基准点应标在便于使用和保存的位置,其位置也可根据现场的实际情况确定。

标高校测与精度要求。每次引测标高需要除作闭合差的检查外,当同一层结构需分几次引测标高时,还应该联测校核,测量偏差不应超过±3 mm。

地下室土方开挖测量方法,可描述如下:

地下室基坑土方开挖,从A向N轴开挖,即从南往北依次推进,开挖退土。土方开挖平面控制:测量人员根据基坑放坡的坡度和开挖深度,计算第一次土方开挖以上的基坑坡壁的水平宽度。同时测量人员确定基坑坡壁的顶壁和坡脚的位置,地下室设计标高以上的土方拟分3次开挖:第一次开挖至标高−2.000 m以上的土方;第二次开挖至−4.000 m以上的土方;第三次开挖至−6.000 m处的土方。可利用两架水准仪和钢卷尺同时测量,随时测控土方开挖的标高。

当基坑土方开挖到设计标高的位置时,在基坑边的纵轴3轴、6轴、12轴、16轴、22轴的位置分别架设经纬仪,向基坑投测该主控轴线,在各主控轴线方向上打设方木桩并用小铁钉在方木顶上准确确定该轴线在基坑内的位置,确定控制点,并用小白线拉通。在基坑边架设经纬仪,将横轴G轴、C轴、U轴、F轴、B轴准确投测至基坑内,以同样方法确定横轴主控制线,在实际施工过程中,各主要控制轴线随挖土进度依次准确放出电梯井位置、集水坑、消防水池等开挖边线和开挖深度。

④桩基的定位测量(略)。

⑤±0.000以上主体结构施工测量,其具体方法如下:

a.建筑轴线测量和垂直度控制,其步骤如下:

本工程的轴线定位和垂直度控制采用内、外控制相结合的方法。

±0.000以上采用内控法进行施工测量放样,采用外控法复核检验。各楼层施工根据设计图纸及本工程的特点,通过轴线控制网,在各幢楼层的梁板上离轴线500 mm的位置处设置主轴线交点的控制点,控制点采用250 mm×5 mm的圆形钢板预埋在梁板控制点的相应位置上。在预埋钢板处的楼层混凝土强度符合设计要求后,再用精密测量仪器将主要轴线交点处的控制点准确的测设在钢板上,在钢板上画上"十"字线并用小型电钻将"十"交叉点(即主控轴线的交点)刻出来,在施工期间必须加以妥善保护,避免钢筋及其他重物冲撞预埋钢板。在埋设各控制点位置的钢板时和在混凝土浇筑过程中要反复校对钢板的预埋位置是否位于主控轴线的交点位置,与测设的长度和前后校核比较,其误差分别不超过±2 mm,并做好测量成果记录。以后各结构层施工模板安装时都应在相应位置处准确预孔200 mm×200 mm的方孔。

孔洞设置的原则应避开柱、墙、梁,并且在各控制点之间不被墙、柱预留筋挡住视线。

轴线控制点的垂直引测,本工程由于层数较多,故采用激光垂准仪向上引测,要求投测精度为±3 mm/次,以每层校核一次。利用重铅锤复测,具体过程为:架设激光测垂仪于控制点上,经对中整平后,打出激光向上投射至施工楼层测量孔上覆盖的光靶,360°旋转投射后,可分90°投射一次,调整精度使投射点在小于10 mm的圈内至最小,然后确定4点的中心即为该楼层的控制点,利用DJ₂经纬仪和长钢尺引测出该楼层的各轴线。

轴线控制点引测至施工楼面后,应经过校核后方可使用,可与下一层轴线对比,在楼层结构复杂处可利用外控法,校核轴线。

大角倾斜度控制,在楼层放样时大角外墙处弹轴线竖直控制线,层层向上引测,并与内控轴线对比以控制误差。可用经纬仪进行大角复核,垂直度允许偏差为≤20 mm。

b. 高程的测量和层高控制。±0.00 以上施工时,将半久性水准点的高程通过往返水准测量的方法引测到钢板控制点上,然后用长钢尺向上铅直引测。每层标高到位后用水准仪引向柱钢筋,用红胶带或红油漆做标志,标高以高出楼面结构标高 500 mm 为宜。

c. 每层拆模后,即用水准仪将高程引测至楼层上,标高以高出该楼层建筑标高 1 000 mm 为宜,将轴线引测至墙、柱上,在楼地面上确定墙体和洞口的位置,并用墨线弹出,以利于砌体施工及构件安装。

d. 砌体落脚时将标高引测至落脚砖上,控制整体高度及水平度,待砌体完成后,粗装修前将标高引至墙上,为安装、吊顶、楼地面施工提供依据。

e. 总高度控制。因每次量测施工层标高都从地下室顶板控制点拉长钢尺,故不存在累计误差,主要是钢尺拉伸误差及变形误差,因而在楼层施工至总高度一半和结束时,各复核一次。全高允许偏差为≤15 mm。

⑥沉降观测及变形测量,其主要步骤如下:

a. 根据设计要求对沉降观测点的布置进行埋设,要求埋设在建筑物的角点、中点及沿周边每隔 12 m 左右处。沉降观测点埋设得必须稳固,不影响建筑物的美观和使用,并采取相应的保护措施。

b. 沉降观测要求:第一次沉降观测在埋设完成后进行,以后每一层施工完毕后观测 1 次,直至主体结构封顶后,每个月测 1 次,交工前进行最后 1 次观测,并移交给建设单位管理。

c. 沉降观测采用精密水准仪,等视距测量,高程中误差为 ±1.00 mm,相邻点高程中误差为 ±1.00 mm,闭合差为≤1.4 mm。每次观测时,做好记录,最后整理统计,并绘出沉降变形曲线图,报监理检查复核(可请监理或建设单位同步进行沉降观测)。

d. 第一次沉降观测须通知监理单位及建设方参加。

⑦测量资料整理,其主要内容如下:

a. 定位放线记录。

b. 轴线标高复核记录(每一层都要记录)。

c. 沉降观测质量记录,主要包括:水准测盘原始记录表;沉降观测成果表;沉降观测点位置图,沉降观测线路图;沉降、位移荷载曲线图;变形分析报告。

d. 建筑物大角垂直度偏差记录。

【案例 2、3 分析】

1)分析测量工作项目

工程测量就是施工中的一把标准尺,标准轴线、标高测量到哪里,施工进度就施工到哪里,质量标准就控制在哪里,贯穿于施工的全过程,在整个建筑工程建设过程中起着决定性的作用。

(1)施工前的测量准备工作

①熟悉图纸:设计图纸是施工测量的主要依据,与施工放样有关的图纸主要有建筑总平面图、建筑平面图、基础平面图和基础剖面图。从建筑总平面图上可以查明拟建建筑物与原有建

筑物的平面位置和高程的关系,它是测设建筑物总体定位的依据。从建筑平面图上查明建筑物的总尺寸和内部各定位轴线间的尺寸关系。从基础平面图上可以查明基础边线与定位轴线的关系尺寸,以及基础布置与基础剖面的位置关系。从基础剖面图上可以查明基础立面尺寸、设计标高以及基础边线与定位轴线的尺寸关系。

②现场踏勘。现场踏勘的目的是了解现场的地物、地貌和原有测量控制点的分布情况,并调查与施工测量有关的问题。对建筑场地上的平面控制点、水准点要进行检核,获得正确的测量起始数据和点位。

③确定测设方案。首先了解设计要求和施工进度计划,然后结合现场地形和控制网布置情况,确定测设方案,其中包括测设方法、测设数据计算和检核、测设误差分析和调整、绘制测设略图等。

④技术交底。对参加测量的人员进行分工和测量技术交底,并将所用仪器送至省或市指定测量仪器检验部门进行检验与校正,取得检验报告,以备作开工检验报告时使用。

(2)建筑物定位放线

①建筑物的定位,其具体方法如下:

根据市测绘规划部门提供的定位桩、红线桩和水准点,按照所计算的建筑物主轴线坐标点进行轴线定位。以高新水准点为基准点,以施工坐标为测设点,用GPS定位测设点,然后用直角坐标法建立场区控制网。

②建筑物轴线控制桩的布设方法:导线法布设轴线控制桩;矩形方格网法布设轴线控制桩;建筑基线法布设轴线控制桩。

(3)现场施工水准点的建立

根据设计单位提供的水准点、红线桩和定位桩进行高程控制点的引测或是联测;如用GPS即可达到控制点的引测和联测,精度为±2 m。现场利用高程控制点进行附合和闭合测法在场区内布设点的水准路线,这些水准点作为结构施工高程传递的依据。

(4)±0.000以下施工测量

①在向基坑内引测标高时,首先联测高程控制网点,以判断场区内水准点是否被碰动,经联测确认无误后,方可向基坑内引测所需的标高。

②利用水准测量的方法测出传递高程超出0.5 m或1.0 m的水平桩,以控制±0.000以下结构施工中的标高。

(5)±0.000以上施工测量

①以轴线控制网利用水准测量的方法测出±0.000以上结构施工中超出0.5 m或1.0 m的水平线。

②以0.5 m或1.0 m水平线用钢尺向上传递各楼层高程控制网。

(6)建筑物的沉降观测

①建立水准点。

②建立观测点。

2)明确角度测量具体任务

根据对测量工作项目的进一步分析,得到水准测量的具体工作任务:

①在测量工作实施前,对图纸给出的尺寸位置要仔细审查核对,提交测量实施方案,送交仪

器检验与校正,取得检验报告。

②建立现场施工水准点。实地勘测,引测控制点,建立现场控制网。

③±0.000 以下结构施工中的标高控制。通过控制点联测,采用高程传递的方法,向基坑内引测设计 0.5 m 标高。

④±0.000 以上各楼层高程控制测量,包括以下两部分内容:

a. 通过首层标高基准点联测,采用测设已知高程的方法,抄测两个楼体(主楼和裙楼)标高控制点,作为地上部分高程传递的依据,避免两楼结构的不均匀沉降造成对标高的影响。

b. 采用高程传递的方法,对楼层进行高程传递。确定各楼层的标高基准点,并满足误差要求。

⑤轴线传递。基础结构施工到达地圈梁或接近 ±0.000 时,安置经纬仪于控制桩上将轴线投测到基础墙的外侧和内控制点上以便各楼层轴线的传递。

⑥建筑物的沉降观测。在建筑物施工、使用阶段,使用水准仪,采用水准测量的方法,观测建筑物沉降观测点与水准点之间的高差变化情况。

3)剖析工程中所应用的角度测量知识

要完成建筑工程建设过程中的测量工作任务,学生应具备相应的职业能力与专业知识。工程中角度测量工作任务内容多、责任重,需要学生重点理解和掌握。通过上述分析,总结角度测量相关知识点如下:

①熟练掌握经纬仪的种类、类型、组成构造及使用方法。

②掌握经纬仪的检验方法,了解校正方法。

③熟练掌握利用经纬仪进行角度测量的方法。

④熟练掌握水平角、竖直角、垂直度的各种施测方法。

⑤重点掌握 DJ_2、全站仪、GPS 在施工中的操作使用方法和作用。

⑥重点掌握导线测量、施工放线的实测方法。

练 习 题

1. 建筑施工放线、轴线传递、垂直度观测所使用到的仪器有＿＿＿＿＿＿＿＿。

2. 控制网的布设要求＿＿＿＿＿＿＿＿。

3. 轴线投测要求＿＿＿＿＿＿＿＿。

4. 基础结构施工到达＿＿＿＿＿或接近＿＿＿＿＿＿时,安置经纬仪于控制桩上,将投测到＿＿＿＿＿上以便各楼层轴线的传递。

5. 轴线竖向投测精度不低于＿＿＿＿＿。平面放线量距精度不低于＿＿＿＿＿,标高传递精度主楼、裙房分别不超过＿＿＿＿＿、±10 mm。

6. 内控法误差圆取圆心的方法确定投测点时,每个点的投测应将仪器分别旋转＿＿＿＿＿、＿＿＿＿＿、＿＿＿＿＿、＿＿＿＿＿投测 4 个点,这 4 个点形成的误差圆取其圆心作为投测点。

参考文献

[1] 李向民. 建筑工程测量实训[M]. 北京：机械工业出版社，2011.

[2] 杨凤华. 建筑工程测量实训[M]. 北京：北京大学出版社，2011.

[3] 常红星，赵阳，汪荣林. 建筑工程测量实训指导[M]. 北京：北京理工大学出版社，2009.

[4] 周郑建. 建筑工程测量[M]. 北京：中国建筑工业出版社，2004.